一頁紙做兩倍事
高效專案工作法

PROJECT MANAGEMENT

楊朝仲 著

目錄

|推薦序
　　有系統的學習，從 work hard 轉變成 work smart ／黃國珍　　004
　　轉化與放大「專案成功」的影響力／林欣怡　　006
　　各界推薦　　009

|作者序
　　擺脫窮忙專案，創造管理價值　　011

|前　言
　　專案管理的跨域與修練　　014

|第一章
　　專案為何這麼難管？換個系統腦　　023

|第二章
　　搞定老闆要的提案：尋找專案魂　　041

|第三章
　　「一頁」說服老闆：擬定提案書　　073

| 第四章
　　不窮忙的專案管理：學會看全貌　　　　　　　　　　101

| 第五章
　　避免治標而不治本：活用覓食術　　　　　　　　　　139

| 第六章
　　不得罪人的跨部門專案管理：努力求共好　　　　　　163

| 第七章
　　晉升高管必學的專案集管理：破框懂佈局　　　　　　183

| 第八章
　　大缺工時代的組織專案管理：三招起手式　　　　　　209

| 第九章
　　不做低效努力！成功專案的五大祕訣　　　　　　　　223

推薦序

有系統的學習,從 work hard 轉變成 work smart

黃國珍
品學堂執行長暨《閱讀理解》學習誌總編輯

「管理」是一個系統性的過程,透過規劃、組織、領導與控制,將人力、財務、物料、資訊等資源有效運用,確保組織目標得以實現。它既是科學,也是一門藝術,是企業運作、成長與獲利的核心基石。

執行上,管理是透過設定明確目標,分階段規劃專案,以系統化的手段推動目標落實。在「專案管理」這個領域,逢甲大學的「專案管理與系統思考研究中心」主任楊朝仲教授,結合理論與實務,培育專業人才,已成為業界重要指標和領航者。

如今,想學習楊教授的精髓,不必侷限於研究所課程。他將多年實戰經驗和系統思考集結成新書《一頁紙做兩倍事,高效專案工作法》。相較於講述專案管理的同類書籍,本書以「系統腦」、「專案魂」、「看全貌」、「求共好」、「懂佈局」五個階段,明確劃分專案管理的核心能力,提供具體

且可操作的方法論。

書中獨創的「章魚頭系統思考圖」更具代表性，透過「顯微鏡」、「眼鏡」、「望遠鏡」三種視角，引導專案管理者透析問題本質，有效避免淺嘗輒止的錯誤，更清楚掌握專案「使命必達」的核心。

此外，書中也強調專案經理必備的戰略思維與跨部門協作技巧，這些具體指導幫助讀者突破專案管理的複雜性與壓力，促使團隊協同作戰，共同實現組織願景。

無論是初入職場的新鮮人，還是經驗豐富的企業高層，都能在這本書中找到系統化的管理知識與實務工具。誠心推薦給所有想提升專案管理效能、擺脫低效「窮忙」的專業人士。這本書的架構清晰、實用性強，將助你穩健邁向全方位專案管理的卓越之路，從 work hard 轉變成 work smart。

轉化與放大「專案成功」的影響力

林欣怡
PMI 國際專案管理學會台灣分會理事長
國立臺中教育大學特聘教授兼管理學院院長

這是一個「**專案為策、價值為實**」的時代，而我們正處於一個關鍵轉型的浪潮中。

「專案管理」，已不再只是完成任務的工具，而是一種系統性實踐，能夠放大組織價值、驅動影響力，這是無法抵擋的趨勢，也是國際專案管理學會（Project Management Institute，PMI）作為全球領銜專案管理組織的願景核心：

We maximize project success to elevate our world.

（使專案成果極大化，以提升我們的世界）

楊朝仲老師的新作《一頁紙做兩倍事，高效專案工作法》，就是站在趨勢浪尖上的實踐之作。這本書的價值不僅在於引導讀者「如何執行」專案，更在於**促進專案領導者轉化與放大「專案成功」的影響力**。

書中內容架構依循務實清晰的系統邏輯，與 PMI 的核心

策略架構高度契合，特別是在「如何運作」(How We Operate)的層面上，不但展現可操作的實踐價值，並鉅細靡遺地介紹高效能專案管理的工件，這也呼應了 PMI 策略地圖中所描繪的三大戰略支柱：

1. 專業聚焦（Focus on the Profession）

真正的專案管理不在於交付產出（output），而是實現成果 (outcome)。書中以系統思考的視角帶讀者理解專案本質。

2. 推動實踐（Activation Model）

書中多項圖表與流程設計，契合 PMI 提出「Amplify across the PMI flywheel」（擴大 PMI 飛輪影響力）的精神，有助於將理論內化為可持續運用的實踐作為。

3. 能力建構（Internal Capability Building）

從決策判斷、利害關係人經營，到價值交付與數據為本的回饋，書中提供多個適用於不同產業與組織成熟度階段的建議，實現「Data-driven decision making」（數據驅動決策）與「Scalable development」（可擴充開發）的管理關鍵。

此外，專案要成功，不能單靠一股熱情，更需要整套的工件方法，且對應組織或專案情境進行裁適化應用（tailoring）。所以，這本書不只是管理工具書，更是人才潛能策略的藍圖，對應 PMI Talent Triangle™（PMI 人才金三角）所強調的三大面向：專業技能（Ways of Working）、領導力（Power Skills）、商業洞察（Business Acumen）。

在長期「以專案為本」的決策管理經驗中，我秉持以終為始的信念，相信專案即為策略，讓專案成功即是實踐交付價值。誠摯推薦這本書，希望「專案成功」這件事不只是組織的 NPSS（Net Project Success Score，淨專案成功值），而是真正擴大影響力，成為支撐組織穩健運作的常態。

★各界推薦★

楊朝仲老師用他擅長的「系統思考」為骨架，發展出一套簡潔實用的專案管理工具，用一頁式圖表，讓複雜的專案可視化、可追蹤、可交付。

這本書是開給窮忙人的解藥，讓我們不再為工作失控！

丁菱娟 影響力品牌學院創辦人

專案為何老是卡關？

往往不是缺工具，而是缺乏系統思考的框架與做法。

這本書從主管提案到跨部門協作，逐章對應真實的職場場景，提供一套能立即應用的專案工作法。

特別推薦給所有身處變動環境、仍需穩定交付成果的專業工作者。

蘇書平 先行智庫執行長

★各界推薦★

　　2001年，我在外商擔任主要客戶專案經理，處理一場客戶火災後的復原專案，整日周旋在內部硬體業務部門、香港分公司、新加坡競爭者、維修工廠、保險公司、公證公司之間。完全沒有大型專案處理經驗的我，靠著跨行業累積的周旋與專案技巧，透過一次次的提案，半年後竟然達成了公司設定的目標，但現在想起來，還是餘悸猶存。

　　24年過去了，我竟然在本書中發現了「全方位專案管理」的五階修練。千金難買早知道，透過這五階升級修練，若類似的案子再發生一次，當時的我一定可以處理得更好。

　　以我自己的工作歷程來看，我認為第四階「努力求共好」的觀念，最為重要，這就是楊老師與本書厲害的地方。

謝文憲 企業講師、職場作家

作者序

擺脫窮忙專案，創造管理價值

　　演講時，我喜歡詢問現場的上班族這個問題：「請問在職場上，窮忙最常出現在什麼事情，或哪種工作任務上？對你產生什麼樣的嚴重影響？」

　　這時候會發現，方才聽演講不是很專心的人，在回答這一題反而變得很主動、很踴躍，演講現場頓時成了「窮忙」上班族的傾訴大會。尤其「加班」、「開會」、「客變」這三項更是公認的窮忙「重災區」！讓許多工作者損失掉大量的時間，也大量增加溝通上或實質上的成本。那麼，有沒有哪一項任務可以囊括上述的三項重大災害？沒錯，就是「做專案」！

　　專案，正是職場上各種窮忙「大集合」的地方。

高效，包含「效能」及「效率」

　　為什麼專案工作很容易發生窮忙的現象，而且所有人都會覺得很難搞？因為專案的「專」，有「獨特性」的概念，代表這個案子要解決的問題與要完成的產品或服務，都是我們

以前沒有遇過和做過的,所以不容易搞定。還有,專案也具有「暫時性」,做專案的時間壓力很大。所以書名中的「高效」,其實包含了「效能」及「效率」——提高效能才能擺平獨特性,提高效率才能應付暫時性。

「專」,也有量身訂做的概念,所以不適合用處理通案的一般性做法來對待。「專案管理」這項工作,就是為了管好專案而量身訂做的方法。但是,在管理專案之前,我們要先認識專案的本質——就是「系統」,管專案其實就是管系統。

知己知彼,立於不敗之地

《孫子兵法》有云:「知己知彼,百戰不殆。」

了解專案的特性、看透專案的本質,管理專案才能先立於不敗之地。所以本書第一章就是從「管專案就是管系統」開始談起。接著就是思考「專案為何而做」了,而這部分正是第二章和第三章—如何製作「章魚頭系統思考圖」與「一頁式專案提案書」,來搞定老闆要的專案提案。

當提案過關,你正式成為一名專案經理,就到了第四章與第五章—製作「ITTO 圖」與「八爪章魚覓食術系統思考圖」,幫助你管理好自己的專案,而且不被窮忙附身。隨著你的管理能力越來越好,工作效率越來越高,要如何進行系統

思考，才能搞定其他部門的同仁與經理？第六章就是著重在「不得罪人」的跨部門專案管理工作上。更進一步，重要戰略目標的實現，需要仰賴多個相互關聯的專案來達成，第七章，就是介紹「專案集路徑圖」來落實晉升高階主管必學的專案集管理能力。

系統思考＋一頁式圖表，打造專案管理「即戰力」

過去，市面上的專案管理書籍，大多將焦點集中在管理工具（各種各樣的圖表），或是非常複雜的技術步驟上，但這本書是以簡單、易懂的系統思考為根基，搭配簡潔、清楚的「一頁式」圖表，幫助讀者在專案管理的各個不同階段，動態打造出相應的專案管理「即戰力」。希望大家都能活用這本書的觀念、工具與心法，達到擺脫專案窮忙、創造管理價值的境界。

楊朝仲

2025.7.

前言

專案管理的跨域與修練

「專案」是什麼？白話一點來說，就是以有限的時間，集合多人的力量共同合作，來完成某些重要事情。

事實上，從旅遊安排、婚禮籌辦、研發計畫、行銷活動、到工程建設等，由於專案管理沒有應用領域的限制，所以它在我們的日常生活與職場工作中幾乎無處不在。

求學過程中，我所就讀的系所都屬於專業工程的範疇——包括機械工程、水利工程與土木工程，但是我對於「管理」一直很有興趣，也希望「管理」能成為我未來的專長之一，甚至期許自己有朝一日成為「管理」講師或顧問。然而，一路念到土木工程學系博士畢業後，我需要上班賺錢來養家活口，實在不太可能有時間再去修一個管理學位。

如何在「**有限時間**」與「**最小預算**」的情況下，讓大家認同我有管理方面的專業能力？我發現，在沒有學歷佐證的

情形下,如果可以擁有跟「管理」相關的知名國際證照,能力也有機會被社會大眾認可。

只不過,證照的概念類似「駕照」,你通過考試,也有了駕照,還是無法充分證明你很會「開車」。

「有駕照」與「會開車」,如何能同時證明呢?

發展跨域管理能力

當時我的工作內容,就是負責執行政府的專案計畫。我上網查了一下,我這個角色在管理領域叫做「專案經理」(Project Manager,PM),需要「專案管理」的職能,也有「國際專案管理師」證照(Project Management Professional,PMP)可以考。

當時我這麼想,如果我可以考取國際專案管理師證照,過程中可以將所學習到的國際專案管理知識與工具,實際應用於我執行的政府專案計畫之內,藉此逐步精進自己的專案管理能力,並獲得良好的專案成果,如此一來也能對外證明我在「管理」領域上,不但「有駕照」,而且「會開車」。

沒想到,在取得國際專案管理師證照之後,我竟意外地展開了一連串專案管理「驚奇之旅」,旅程中所見識到的人事物也早已跨越土木與水利工程領域。

這十五年來，我運用「專案管理」與「系統思考」，執行過數十個政府、企業、大學與高中的專案計畫，開辦超過百場「專案管理」與「系統思考」相關的演講或增能工作坊。

過去十年，我也在國際專案管理學會台灣分會（Project Management Institute Taipei, Taiwan Chapter，簡稱 PMI-TW）擔任理事。PMI 是在專案管理的專業領域上，規模最大、貢獻最卓著、影響力最深遠，且具有領導者地位的非營利性國際社團組織。自 1969 年成立以來，即致力於推動專案管理知識的「標準化」與「專業認證」系統，目前已在全球 200 多個國家，成立 300 多個地區分會，擁有超過 70 萬名會員，核發超過 150 萬份的 PMP 證照。

更料想不到的是，我任教的逢甲大學也開始投入「專案管理」專業人才的認證培訓，不僅早在十年前便成立全台唯一以「專案管理」命名的碩士在職專班，也憑藉著實務導向的教學與企業高度肯定，招生人數由最初的 20 人穩健成長至目前 36 人。

另外，我也在逢甲大學擔任「專案管理碩士在職學位學程」主任，以及「專案管理與系統思考研究中心」主任超過十年。

專案導向成為主流

面對外部環境的快速變化，**專案導向的工作模式正逐漸成為主流**。《哈佛商業評論》（Harvard Business Review）在2021年12月以「專案經濟時代的來臨」（The Project Economy Has Arrived）為封面專題，認為企業隨著更頻繁的組織轉型、更迅速的產品開發，以及更多新科技應用，「專案」已經取代了傳統的組織運作模式！

文中預估到2027年，全球從事專案管理工作的人數將上看8,800萬人，而專案導向的經濟活動價值會達到20兆美元。這一期的《哈佛商業評論》中還舉了一個非常有趣的例子，美國最大的獨立廣告代理商「理查茲集團」（Richards Group），幾乎取消了企業內所有的管理層級與職稱，該公司的**大部分員工只有一種職稱，那就是專案經理（PM）**。

我認為在越來越以「專案」為中心運作的商業世界裡，卓越的專案管理能力將會是你勝出的關鍵，無論你原來在學校選的科系是什麼。我自己也是藉由執行專案，從「工程」跨入「管理」領域的案例，也因此開拓了不一樣的視野。

如果，你也想讓自己**在短時間內擁有另一項專業、成為「複合型人才」**，最好的捷徑就是——成為一位專案經理。

專案管理的跨域

專長
工程

交集
專案管理

興趣
管理

　　當然,如果你的能力有專業證照的佐證更好。

　　證照最好以你的「專長」和「興趣」的交集為主,因為專長能提供你應用場域,而興趣則會支撐你持續投入,兩者交集更能幫助你的職涯達到「雙贏」。

　　在越來越多的企業工作,是以「專案」形式在推動的情況下,專案經理也因此成為職場的熱門職位,對應此一趨勢,國內外高等教育機構也普遍將「專案管理」列為學生的關鍵能力之一。

專案管理的五階修練

我認為培育「專案管理」能力的意義是擁抱三創：
創意、創新、創業。

許多企業每天面對眼前競爭，容易陷入「想很多、做更多」，卻不到位的「窮忙」狀態，一位管理能力好的專案經理，能讓「創意」及「創新」真正在企業內落實，更能在業務層面解決動態的複雜問題，讓企業的交付超越顧客期待。

然而，過去談的專案管理，理論基礎大部分根基於 1970 年代與 1980 年代，當時強調的是以「流程」來提高效率和產能，組織通常會以一套「標準化」的方法，來管理所有的專案。然而，因應當前的趨勢——**客變、轉型、個人化**，成為專案主軸，標準化的作業流程早已跟不上時代。《哈佛商業評論》提供了一個數字，如今全球只有 35% 的專案是成功的，這反映出許多工作者仍然無法有效管理專案。

> 一位管理能力好的 PM，
> 能讓「創意」及「創新」真正在企業內落實，
> 更能在業務層面解決動態的複雜問題。

這麼多年來，我執行過涵蓋許多領域的產、官、學專案，深知「第一線」專案經理的痛點，包括：

1. 為什麼專案這麼難搞？
2. 為什麼專案提案老被主管退回？
3. 為什麼專案經常發生加班、趕工、重做與客變？
4. 跨部門專案要怎麼管，才不會得罪人？
5. 落實公司大戰略的專案，要怎麼規劃？
6. 大缺工時代，組織專案管理該如何因應？

如何設計出一套**全方位、可落地、適用於台灣的專案管理邏輯思維與應用方法**，解決上述這六大關鍵問題，對我而言也成了另一項自我挑戰的「專案」。

在這本書裡所規劃的九個章節，並不是要教你畫甘特圖、魚骨圖，而是根據上述六大痛點量身訂做的因應解方。因為，在未來每個人都是專案經理的工作型態中，**專案管理能力的逐步升級，也會是成為一位經理人的逐階修練。**

而新世代的全方位專案經理，不僅需要實務經驗的累積，更要培養個人的策略性思考。如何培養卓越的專案管理能力，將會是你的跨域競爭力，所以我將「企業經理人的修練」，結合不同階段要具備的「專案管理能力」，整理出以下

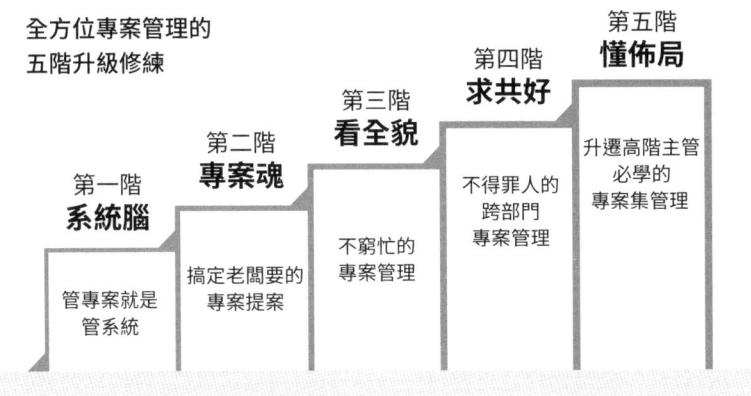

五階課題：

第一階：換個【**系統腦**】→管專案就是管系統

第二階：尋找【**專案魂**】→搞定老闆要的專案提案

第三階：學會【**看全貌**】→高效、不窮忙的專案管理

第四階：努力【**求共好**】→不得罪人的跨部門專案管理

第五階：破框【**懂佈局**】→升遷高階必學的戰略專案管理

此外，因應越來越嚴重的缺工問題，我也會在第八章描述大缺工時代，「組織專案管理」該如何建構，企業才能穩定地交付產品或服務給客戶。在專案經濟崛起的趨勢下，人人都將是專案經理！從現在起，每一位工作者都要學習如何管理好一項專案，了解如何擔任一位優秀的專案管理人。

Chapter 1

專案為何這麼難管
——換個系統腦

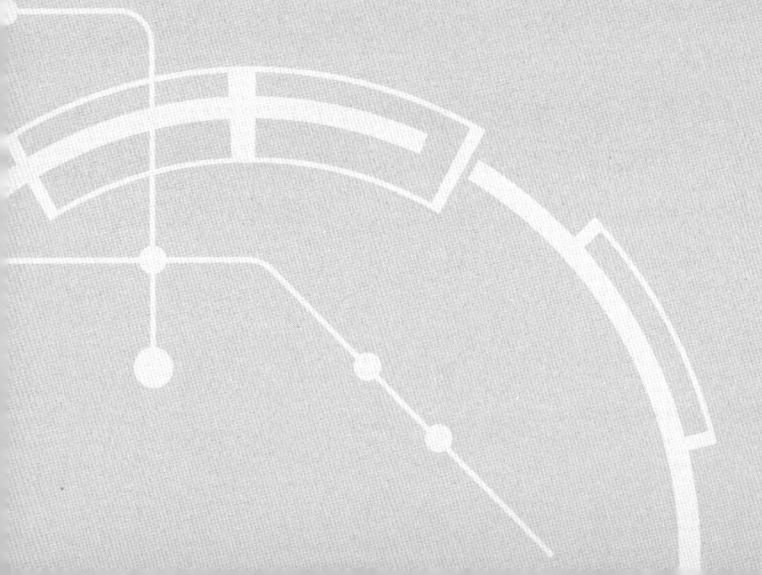

專案對很多人而言，是額外工作。執行專案不但有時間限制的壓力，還常常要跟不熟悉的其他部門同仁相處合作，所以盡量能不碰就不碰，更不要說擔任管理專案的專案經理一職了。

大部分人一聽到老闆要指派專案經理，那簡直是避之唯恐不及。偏偏老闆或主管遇到棘手的狀況——例如獲利出問題，或是營運不順時，最喜歡用「專案」來解決，彷彿成立一個專案，問題就會瞬間煙消雲散。

尤其在「無常就是日常」的時代，公司一下要發展數位轉型、一下要因應疫情、一下要導入ESG、一下要適應AI衝擊，這些時不時冒出來的專案，常常搞得大家疲於奔命、人仰馬翻，但對組織發展來說，卻不見得能明確核實效益。

即便如此，企業還是常將專案當成組織的「護身符」，不斷地成立各項專案，希望能推動組織跟上時代的腳步。所以，在可預見的未來，為了因應動態且複雜的外部環境，組織內的專案數量只會越來越多，這也代表你被專案「欺負」的頻率也越來越高。

《哈佛商業評論》2021年12月號封面故事就是「專案經濟時代的來臨」，《經理人》月刊網站的文章提及，美國專案管理協會預估到2030年，從事「專案管理」職務的人力需求

全方位專案管理的五階升級修練

第一階 系統腦

管專案就是管系統

至少為 2500 萬人，而且最高年薪上看到 20 萬美元；美國勞工統計局則預估，未來十年專案管理職位的數量將增加 6%，高於大環境新職缺的平均增幅。

其實，當各位讀者上人力銀行網站搜尋「專案經理」這個關鍵字時，也會發現相關職缺的數量非常驚人，並且是各行各業都缺。然而，專案經理的需求越來越大，薪水越來越高，其實也就代表了這個職位絕對不好做，也不是一般人能輕易勝任的。

專案為何這麼難管？

在討論「專案為何這麼難管」、「專案經理為什麼這麼難做」之前，我們先來了解一下什麼叫做「專案」？

很多人對「專案」有認知上的誤解，認為所謂的專案，就是非日常具有重複性質的工作或作業，但是這樣的定義，其實無法顯示出專案的特性。我個人認為「專案」就是：

在有限的時間內，

透過一群人共同合作，

創造出獨特的產品、服務或成果，

來解決重要的問題，或者做到使命必達。

從上述定義來看，可以看到管理專案很困難的痛點。

痛點 1 有限的時間

企業以「獲利」為主，企業要賺錢，才有辦法養活員工，所以對企業而言，利潤最為重要。因此，企業成立專案，大多是要解決重要且急迫的問題，要嘛就是想辦法提高營業額，要不然就是降低成本。

由於專案通常「誕生」在公司的利潤出狀況、營業額無法成長，或者是庫存或成本降不下來的時候。請各位想一

想,當老闆想用「專案」的方式來解決上述問題時,你覺得老闆給的專案期限是長是短?他真的希望負責執行專案的專案經理做到期滿嗎?

當然不是,「有限的時間」其實在老闆的心裡面就叫做「越快越好!」當現有產品賣得不好,營業額開始出現危機,你覺得老闆會期待你的新產品研發專案多久能完成?當然最好是馬上就把新產品變出來,尤其現在環境變化得太厲害,客戶需求變得更頻繁的壓力下,老闆對專案成果的等待會更加地沒耐心。

所以,當老闆跟你說專案最多做六個月,而你真的搞了六個月才做出來,對老闆來說,這個專案經理雖不算「失職」,卻也談不上「稱職」,更遑論「優秀」或「高效」了。所以擔任企業的專案經理往往是一個非常高壓的工作,這也是為什麼很多人當了專案經理,做沒幾年就受不了的主因,當然也有很多人根本是想盡辦法來逃避當專案經理。

痛點 2　透過一群人共同合作

一般企業組織都是以「部門」型態運作,例如採購部門、生產部門、研發部門、業務部門等等。但公司內卻很少會有「專案部門」,那是因為專案具有臨時性,常常是突然成

圖1-1 專案難管的痛點分析

專案的定義

痛點1	有限的時間
痛點2	透過一群人共同合作
痛點3	來解決重要的問題,或者做到使命必達

立的,所以專案團隊也並非一個穩定的組織。

通常,當專案成立之後,專案團隊成員會是各部門派人來支援的臨時性組織,也就是說,專案經理要管理的是來支援的各部門同仁。如果經理人連自己部門的同仁都管不好,為了做專案還要去管不熟的其他部門同仁,那可真是雪上加霜,苦不堪言。

另一方面,不同部門之間因為功能性不同,做事的思維模式與習慣也會很不一樣。例如會計部門的同仁總想省錢,以利公司降低成本;業務部門的同仁總想花錢,以便讓公司擴大營收。光這兩個部門都來支援,專案經費該如何妥善運

用的討論，可能就已經吵翻天了。

請記得，專案時程是有限的，當專案經理花太多時間處理跨部門的溝通協調問題，執行專案的時間就會縮短。何況很多大公司的專案還是跨國合作，跨國合作之間又存在著文化與環境差異的問題。比方說，專案團隊裡有外國人，光是專案會議要在早上開，還是在晚上開？就得傷腦筋協調。

此外，「共同合作」就像是夥伴關係、一起打拚的感覺。任何一位團隊成員的工作出問題，或是不太會做時，夥伴們理應主動協助他克服難關，不會讓任何一位團隊成員孤軍奮戰；而且專案時間有限，為了不浪費時間在「卡關」上，彼此共同合作是非常必要的。

但是在實際執行時，每一個人手頭上都負責了其他的工作，經手的可能也不只有一項專案，所以就算是部門內專案，都不見得每一位同仁會相互協助了，更何況是具有跨部門性質的大型專案，彼此共同合作的難度肯定更高。

痛點 3　解決重要的問題，或使命必達

由於專案的目的往往是要解決公司「重要」且「迫切」的問題，而且通常都跟「利潤」有關。所以擔任專案經理之前，你要有所認知：專案一旦能搞定，你將成為公司的救世

主;同樣地,一旦搞砸了,你也將成為公司的罪人。這種不是進天堂、就是入地獄的結果,導致擔任專案經理需要很強的抗壓力。

此外,「使命必達」的真正含意,很可能是老闆希望你所管理的專案完成速度更快、成本降得更低、成果品質更高。這種又要馬兒好,又要馬兒不吃草的情況,就是專案經理的真實處境,這也是為什麼很多人對擔任專案經理避之唯恐不及的主因。

「專案」與「通案」的差異

用來解決「重要」問題,或者做到「使命必達」的特點,是處理「專案」與「通案」之間最大的差異。

為了讓大家更容易了解「專案」與「通案」的認知差異,將會造成的管理影響,接下來會用我自己執行過的兩個實際專案來進行解說。

案例 1　招生專案

我擔任「專案管理碩士在職學位學程」主任已經超過十年，每年的招生工作就是最重要的專案，而非通案。

如果我把招生當作「通案」處理，可能只是發文給各單位提供內部宣傳、轉發招生資訊於網路社群、舉辦一場說明會等，做完以上工作，並不等於「報考人數有缺額」的問題一定會獲得解決，最後的結果往往都是等到報名截止時間快到了，發現招生缺額還不少，然後趕快強力動員身邊親朋好友與畢業學生，幫忙推薦人來報考，但是這種臨時性的補救作法，不僅對於招生效果有限，還會欠下人情債。

如果把招生當成「專案」來做，就不一樣了。

專案是要在報名期限內（大約十週）使命必達，甚至讓報考人數大幅超越招生人數。有鑑於此，我規劃三場結合專題講座與畢業生分享為主軸的招生說明會，第一場會在報名「初期」舉辦，要完成的重點目標是「當日現場直接報考的人」，所以在做法上得安排多位志工，採取一對一的主動服務方式，協助參加者進行報考系統現場填寫。

通常，會報名第一場說明會的人，就是對這個學程有興趣，想要到現場進行問題諮詢與了解細節，但由於在職人士

招生專案大項規劃			
	第一場	第二場	第三場
時間	報名初期	報名中期	報名末期
目標	現場報考者	第一場缺席者	有報考未繳費者
做法	一對一主動服務	衝高報考人數	安排畢業生分享

多有家庭，很容易因為家裡臨時有事而缺席，有時沒有到場的比例會高達三分之一，所以我會在報名「中期」舉辦第二場說明會，重點目標會放在「第一場缺席的人」，同時希望第二場舉辦後，報考人數能夠大幅接近招生名額。

不過，報考人數其實是個「迷思」；對學校來說，「報考並完成繳費」的人數才算是真正的 KPI。

分析考生未繳費的根本原因，大多是不太會撰寫或是來不及準備審查資料，所以在報名「末期」所舉辦的第三場說明會，會把重點目標放在「有報考但是未繳費的人」，同時安排畢業學生分享審查資料如何有效準備的原則與方法。

由於是「專案」，前一年經驗並非 100% 適用，每年執行方式也會根據當年度實際的報考與繳費人數**進行動態調整**。

案例 2　教育訓練專案

企業或政府單位經常會舉辦教育訓練，如果只是以學員「參與」為主要目的的「通案」，通常會以「出席率」或「課程滿意度調查」做為結案的驗收指標。

但如果這個教育訓練的目的是希望學員能夠確實被「賦能」，並實際嘉惠在職場工作上，那就需要把它當作「專案」來對待。

例如，我曾經負責的一項教育訓練──專案管理教師教學成長社群工作坊，它的目的並不是只想讓大學老師「了解」國際專案管理知識體系而已，更希望受完訓的老師們能真正掌握這些知識，以利後續在大學部「開設」專案管理的選修課程。

為了具體有效地確認大家的吸收程度，讓受訓老師都能考取專案管理證照，就成為這個專案的主要驗收指標。要達成工作坊結束後，「老師們不僅要順利取得證照，還要實際於大學部開設協助學生考取專案管理證照的選修課程」這個使命，我在執行過程中規劃「成立讀書會」與「模擬測驗」兩項額外工作，以防在證照考試時出現有人不及格的情形。

後來，這項專案還出現了超越預期的效益，就是在社團法人中華專案管理學會舉辦的「全國專案管理認證標竿獎競賽」中，我們學校也多次榮獲第一名（考取證照數量最多的大專院校）的殊榮。

專案難管的解方：換個系統腦

在了解「專案」是什麼，以及管理專案的痛點又是什麼之後，面對問題，當然要尋求解方。

在《專案管理基礎知識與應用實務》書中提及，專案管理源自「系統管理」的概念，專案管理被視為是系統管理的應用。可見專案的本質是系統，**管專案，其實就是管系統**。

什麼是系統？「呼吸系統」就是解讀系統的最佳案例。

呼吸系統是：

「在一段時間內，藉由身體中相關連的器官，彼此進行因果互動，才能順利完成通氣和換氣的呼吸功能。」

我們把這段話跟「專案」的定義連在一起比較：

「在有限的時間，透過一群人共同合作，創造出獨特的產品、服務或成果，來解決重要的問題，或者是做到使命必達。」

呼吸系統是在「一段時間內」進行，而專案也是在「有

系統 vs. 專案	
呼吸系統	專案管理
在一段時間內	在有限時間內
器官彼此因果互動	一群人共同合作
完成通／換氣的呼吸功能	解決重要問題或使命必達

限時間內」進行;呼吸系統是藉由「身體內相關連的器官,彼此進行因果互動」來運作,而專案是藉由「一群人共同合作」來運作;呼吸系統要完成「通氣和換氣的呼吸功能」,而專案則是要完成「解決重要的問題,或做到使命必達」。

有沒有發覺,這兩者簡直就像是雙胞胎?

系統就是藉由「組成元素」(如鼻子、咽喉和肺等器官)彼此之間的緊密連動,以達成整體的功能或目的(呼吸);而專案則是藉由具備各種技能與專長的成員組成團隊,每一位專案成員就像是一種器官,需要一位專案經理驅使各個「組成元素」彼此互動、共同合作。

所以,專案經理首先要分派誰適合當鼻子、誰適合當咽喉、誰適合當肺……接著想辦法讓成員互動,達到共同合作的境界,才能「**如期**」、「**如質**」、「**如預算**」地完成專案的

交付標的（獨特的產品、服務或成果），讓專案贊助者可以使用交付標的來解決重要問題或順利達標。

另一方面，當呼吸功能發生問題時，我們也不會只關心鼻、咽喉或肺等單一器官，而是會去想：喉嚨裡有痰，這是喉嚨造成的嗎？還是鼻涕倒流所致？如果是喉嚨的問題，解決策略是吃喉糖或喝水來紓解；然而吃了喉糖、喝了水，喉嚨卻仍然有痰，而且還因為喉嚨不舒服而想咳嗽，咳久了，肺又受到影響……這就是系統**「牽一髮動全身」**，以及**「見山非山」**的特性。

然而，「牽一髮動全身」與「見山非山」的問題，在專案管理經常發生。最明顯的就是專案經理在管理專案時，很容易把**「如期」**、**「如質」**、**「如預算」**當作獨立目標來追求，而陷入「治標不治本」的錯誤：

進度出問題而無法「如期」時，就直接加班；
品質不良而無法「如質」時，就重作；
成本超支而無法「如預算」時，就設計變更。

這種「見山就是山」的管理行為，就是專案陷入「治標不治本」惡性循環的開始。

換個系統腦,進行系統思考

時間、品質、成本就類似於器官,彼此之間互相連動,如果為了解決「如期」的問題,以致過度加班,有可能發生成員因疲勞而容易做錯,造成品質不良的現象而無法「如質」;還有,加班要發放加班費,重作也是要花成本的,這些都會侵蝕專案的利潤,讓專案後續進行無法「如預算」。

這種會互相影響的因果關係,就是系統的必然性。

當專案經理沒有把專案當成系統,或是在解決專案管理相關問題時,忽略了前述「牽一髮動全身」與「見山非山」的特性,很容易會想出火上澆油的對策,衍生出後遺症或反效果。可是,面對問題時要能「見山非山」、分析問題時要仔細考慮「牽一髮將會如何動全身」,恰恰不是我們台灣人思考問題的 DNA,有時候反而會被冠上「想太多」、「腦迴路太複雜」的大帽子。難怪專案對很多人來說,是越管越難管,問題越管越多。

無論你現在管的是三人小專案,還是跨國大專案,唯有換個系統腦,開始進行系統思考,才能徹底擺脫專案難管的困境。接下來,我將在各章介紹系統思考如何具體有效地應用在專案管理的各階修練上。

※ 全方位 PM 實戰練習 ※

　　在這一章裡，敘述了「專案」與「通案」的差異，並以舉辦教育訓練為例。如果是以學員單純參與為目的的「通案」，可以把「出席率」或「課程滿意度調查」作為驗收指標；可是如果執行目的是希望學員能確實被「賦能」，並於職場上實際應用，那就要當作「專案」處理。在這種情況下，學員「考取證照的通過率」，會是更適合的專案驗收指標。

　　請參考上述案例，列舉兩個你曾經參與過的公司專案，並填入他們各自為「通案」與「專案」的目的和驗收指標。然後思考一下，當時你的做法比較像是通案，還是專案呢？

案子名稱	通案 目的	通案 驗收指標	專案 目的	專案 驗收指標
範例：教育訓練	學員參與	※ 出席率 ※ 課程滿意度	賦能	※ 證照通過率
你參與過的案子 1				
你參與過的案子 2				

Chapter 2

搞定老闆要的提案
──尋找專案魂

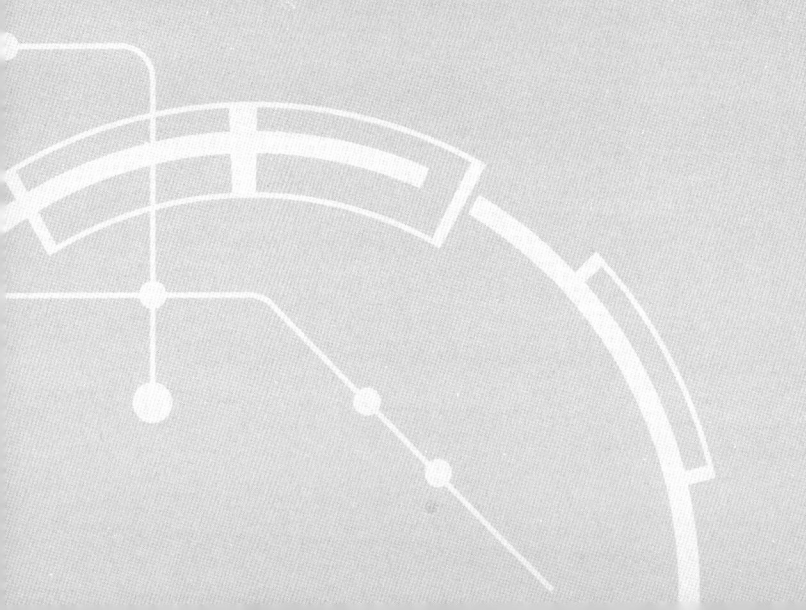

受邀到企業或政府單位演講時,每次到了 Q&A 時間,我最常被問到的問題就是:老師,請問為什麼我們提的專案提案老是被退?為什麼老闆都不欣賞我們部門的提案?的確,如果提案沒通過,就算你擁有一身專案管理的好本領,也會落到英雄無用武之地。

那麼,為什麼專案提案總是過不了呢?根據我長期教學與組織導入的經驗觀察,關鍵原因就是第 1 章提及的,當我們忽略專案的目的是為了解決重要的問題,或者做到使命必達,就很容易**把專案當成通案來對待**。所以在提案時,便缺少了「專」的精神——也就是針對這個案子採取量身訂做的積極態度。

專案是有靈魂的,專案的靈魂就是「解決問題」或是「使命必達」。所以,沒有靈魂的專案提案,就會長得像通案,很難被老闆接受。換句話說,專案提案實際上是在「**呈現解決問題的能力**」,一旦老闆認為你分析問題、解決問題的能力不佳,你提的專案當然就被退回去了。

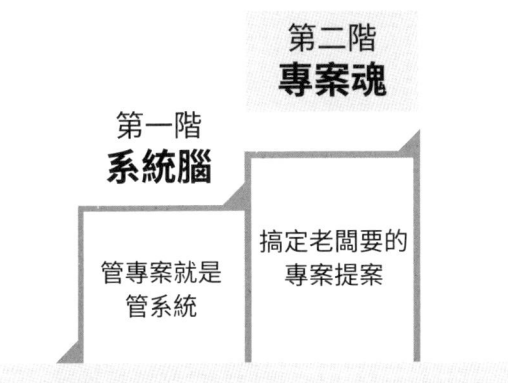

全方位專案管理的五階升級修練

第二階
專案魂
搞定老闆要的專案提案

第一階
系統腦
管專案就是管系統

　　由於「解決問題」是專案提案成功的重要關鍵，為了讓大家更有效率進行一般解決問題的分析工作，我來介紹一個好用的「章魚頭系統思考法」，分為四個步驟，分別是：

1. 定義問題
2. 分析現況
3. 研擬對策
4. 繪製章魚頭系統思考圖

圖2-1 一般問題解決的章魚頭系統思考方法

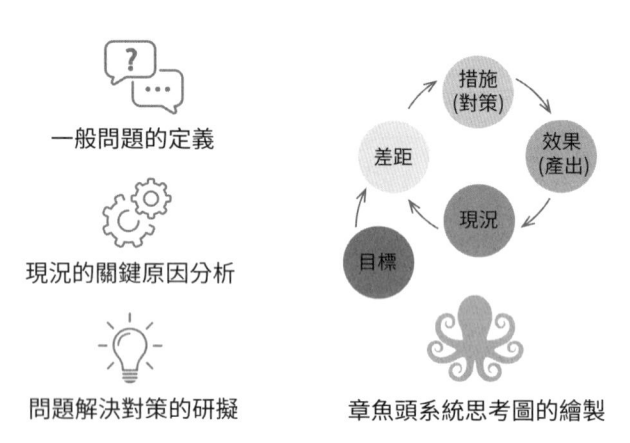

一般問題的定義

現況的關鍵原因分析

問題解決對策的研擬

章魚頭系統思考圖的繪製

（差距 → 措施(對策) → 效果(產出) → 現況 → 目標）

Step 1. 定義問題

　　解決問題的首要任務，就是要明確的「定義」問題。

　　一般來說，問題的定義會由「理想狀態」（目標）、「現實狀態」（現況）與「差距」三個元素所組成。當目標與現況間產生差距時，就意味著問題出現了。通常，差距越大，問題的嚴重程度也越高。舉例來說，你的目標存款為200萬元，手邊存款為100萬元，此時目標與現況之間產生了100萬的差距，所以這個問題的定義就是：存款沒有達標。

圖2-2 一般問題的定義

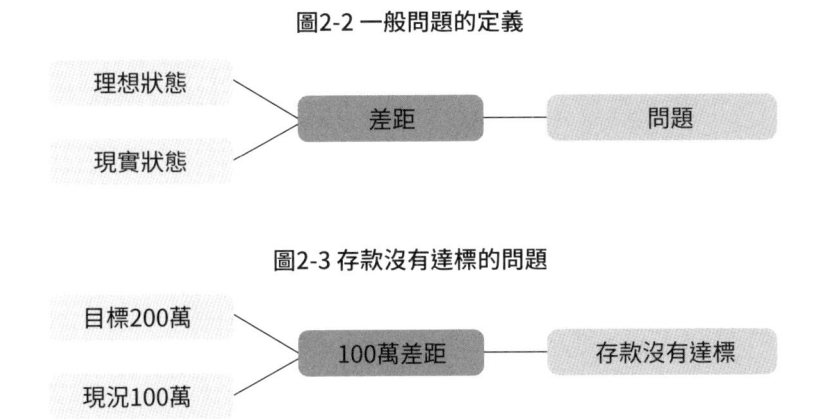

理想狀態 ─┐
　　　　　├─→ 差距 ─── 問題
現實狀態 ─┘

圖2-3 存款沒有達標的問題

目標200萬 ─┐
　　　　　　├─→ 100萬差距 ─── 存款沒有達標
現況100萬 ─┘

Step2. 分析現況

釐清問題的目標、現況與差距後,下一步就是要找出造成現況的「關鍵原因」。唯有掌握關鍵原因,解題時才能對症下藥。

「現況」是指現在的狀況,例如:銀行裡的現有存款、當下的體重、股票現在的價位等。而現況的變化會跟「流量」息息相關,並強烈受到「流入量」與「流出量」的影響。例如像是:

- 銀行存款沒達標,「現況」就是現有的存款金額,而存進去的錢是「流入量」,領出來的錢是「流出量」。
- 商店不賺錢,「現況」是現在的利潤,而營業額是「流入量」,成本是「流出量」。

可以追蹤因果關係,才能找出現況不佳的關鍵原因。建議從「流量」出發往下探究,找出影響流量變化的因和果。

找到關鍵原因的引導方式

我們常聽到的「原因樹」(WhyTree)」,或稱「五問法」(5 Whys),也就是一直往下探究「為什麼」的分析方式。雖然說「五問法」在字面上是希望你往下問到第五層,但其實並沒有限制一定要問到第幾層,只要你認為已經找到最關鍵的原因了,就可以停止追問。

不過,這個方法容易受限自身的經驗,因此在進行「原因樹」分析時,若無主持人有效的引導,觀察分析就容易變成「各說各話」或「以偏概全」。

有鑑於此,本書提出三種觀察、檢視「自身」(例如個人、學生、公司職員等),或「自身組織」(例如家庭、學校、公司、餐廳等)的引導方式,來改善這種現象。

第一式　顯微鏡式：觀察自身細節

我們都知道顯微鏡主要是用來觀察微生物，由於微生物十分微小，人類的肉眼很難看見其外觀以及內部構造。所以本書借用顯微鏡看清微小細節的功能，類比為**觀察、檢視「自身」或「自身組織」行為表現的細節**。

第二式　眼鏡式：看清連動關係

眼鏡的功能是讓眼睛戴上後，能夠看清身邊周遭人事物與環境。所以本書借用眼鏡的功能概念，類比為**看清自身或自身組織與利害關係人或周遭環境的「連動影響」**。例如個人與親人之間的連動、學生與導師之間的連動、公司職員與直屬主管之間的連動、家庭與社區之間的連動、學校與學區之間的連動、餐廳與商圈之間的連動等。

第三式　望遠鏡式：看清大環境影響

望遠鏡的功能是讓我們能看清遠方，本書借用望遠鏡的功能概念，類比為**看清大環境變化對自身或自身組織的「影響」**。例如政府新政策、市場發展趨勢等對企業的影響。

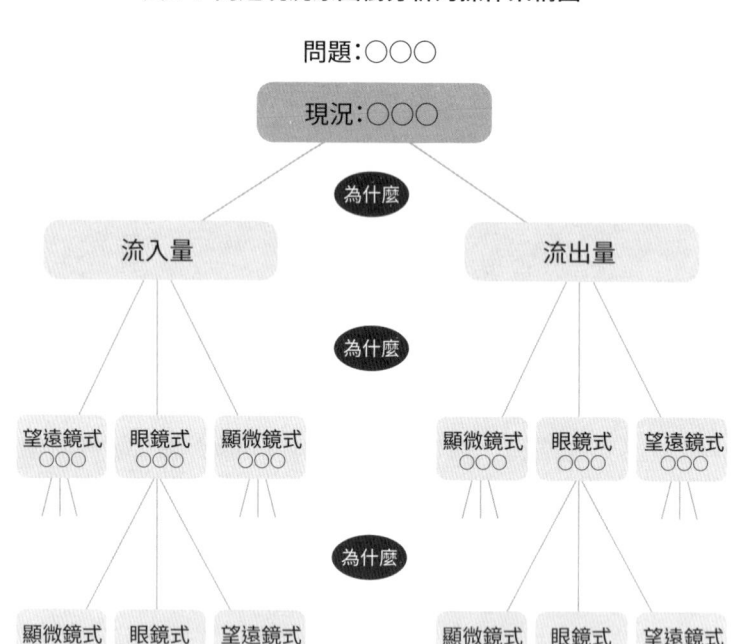

圖2-4 問題現況原因樹分析的操作架構圖

問題：○○○

現況：○○○

為什麼

流入量　　　流出量

為什麼

望遠鏡式　眼鏡式　顯微鏡式　　　顯微鏡式　眼鏡式　望遠鏡式
○○○　　○○○　　○○○　　　　○○○　　○○○　　○○○

為什麼

顯微鏡式　眼鏡式　望遠鏡式　　　顯微鏡式　眼鏡式　望遠鏡式
○○○　　○○○　　○○○　　　　○○○　　○○○　　○○○

上圖即為問題／現況「原因樹分析」的操作架構。

首先,我們先從問題的現況向下問「為什麼」,來找出影響現況的流入量與流出量為何?(第一層)

接著,分別從流入量與流出量,以「引導3式」向下進行觀察分析,直到找出主因為止。(第二層)

然後，再從真正影響較大的一個或兩個主因中，再次以引導 3 式持續向下探究原因，讓分析的過程可以更聚焦、更有效率。接著，我藉由「商店為何不賺錢」的案例，讓大家更清楚「原因樹分析」如何實際操作和應用。

案例　商店為何不賺錢？

從圖 2-5 來看，商店不賺錢，現況就是現在的利潤較少，距離目標利潤的差距很大。由於「利潤＝營業額－成本」，利潤較少明顯是受到**營業額降低（流入量）**，或**成本增加（流出量）**的影響，這也是「原因樹」第一層找到的主因。

接著，我們從第一層的「流入量」、「流出量」，各自向下持續以三種引導方式進行觀察分析，來找出各層影響較大的一個或兩個主因；直到發現主因就是關鍵原因時，即可停止向下一層分析。

> 找到關鍵原因的引導 3 式：
> 1. 顯微鏡式：觀察自身細節
> 2. 眼鏡式：看清連動關係
> 3. 望遠鏡式：看清大環境影響

圖2-5 案例的問題／現況原因樹之第一層分析示意圖

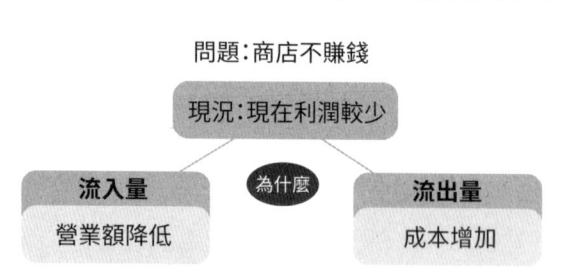

問題：商店不賺錢

現況：現在利潤較少

為什麼

流入量
營業額降低

流出量
成本增加

「流入量減少」的關鍵原因分析流程

在原因樹第二層，我們發現營業額降低（流入量減少）的主因，是來自於「**來店顧客減少**」；這項觀察跟商店的自身組織有關，是屬於「顯微鏡式」的分析結果。

繼續往下探究，在原因樹第三層，我們發現來店顧客減少的主因，是來自於「**店外紅線無法臨停購物**」，這是自身組織與周遭環境的連動有關，就是屬於「眼鏡式」的分析結果。如果，我們判定「店外紅線無法臨停購物」，應該就是「**流入量減少**」的關鍵原因，這時就可以停止分析了。

至於，造成來店顧客減少的另一原因，就是「**店內購物體驗不佳**」，判定之後並非關鍵原因，需要繼續往下分析。

圖2-6 案例的流入量(營業額降低)關鍵原因分析流程圖

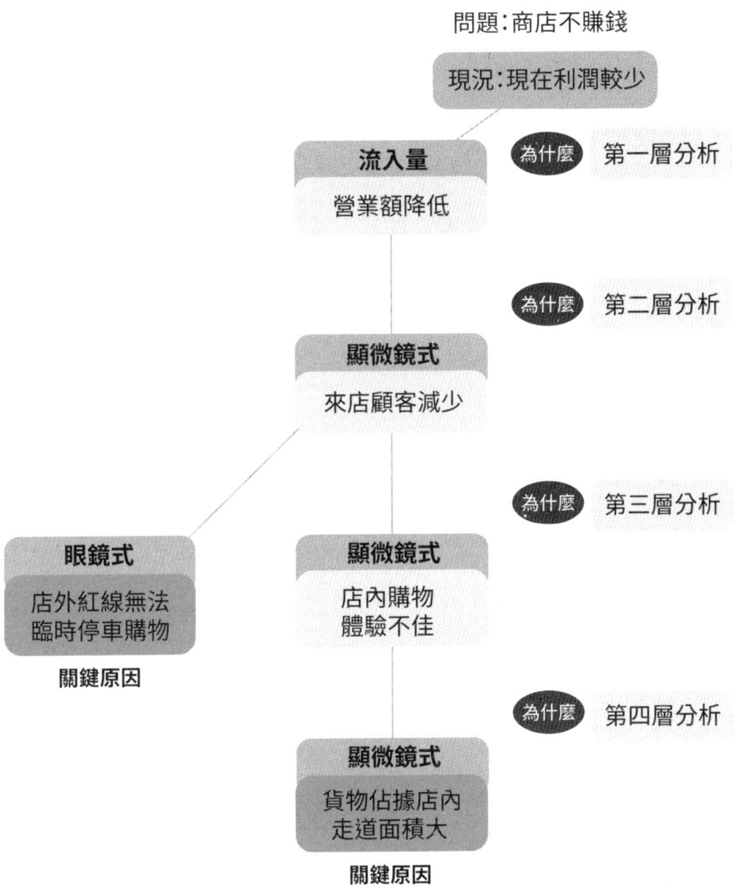

問題：商店不賺錢

現況：現在利潤較少

為什麼　第一層分析

流入量
營業額降低

為什麼　第二層分析

顯微鏡式
來店顧客減少

為什麼　第三層分析

眼鏡式
店外紅線無法
臨時停車購物

關鍵原因

顯微鏡式
店內購物
體驗不佳

為什麼　第四層分析

顯微鏡式
貨物佔據店內
走道面積大

關鍵原因

Chapter 2　搞定老闆要的提案―尋找專案魂

圖2-7 案例的流出量(成本增加)關鍵原因分析流程圖

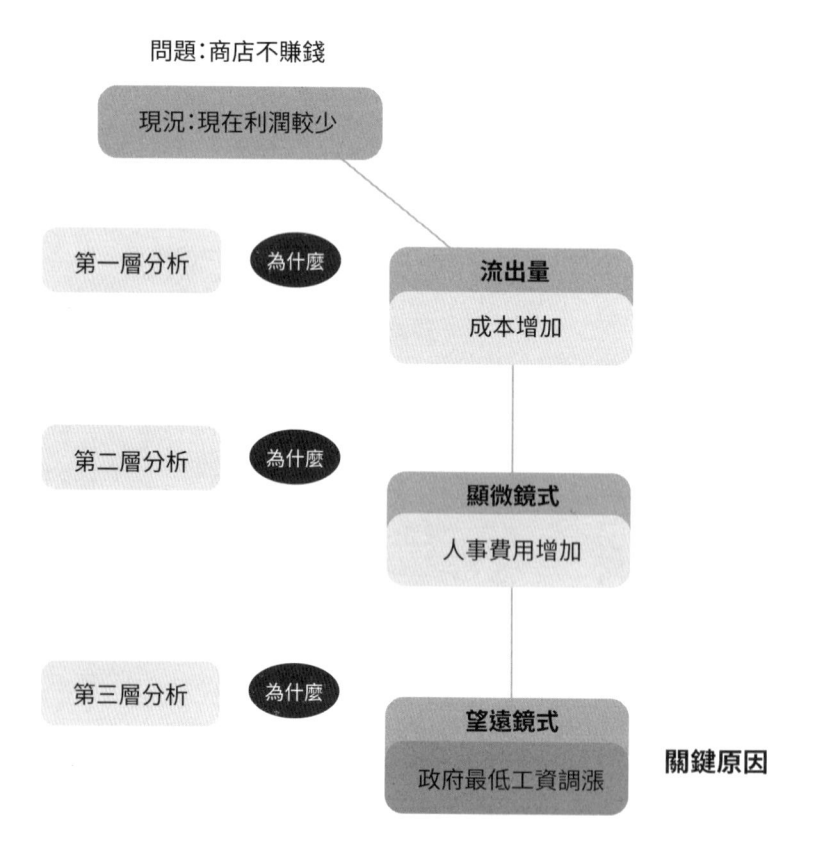

問題：商店不賺錢

現況：現在利潤較少

第一層分析　為什麼　　流出量
　　　　　　　　　　　成本增加

第二層分析　為什麼　　顯微鏡式
　　　　　　　　　　　人事費用增加

第三層分析　為什麼　　望遠鏡式
　　　　　　　　　　　政府最低工資調漲　　關鍵原因

52　一頁紙做兩倍事，高效專案工作法

到了原因樹第四層,發現店內購物體驗不佳的主因,是來自於「貨物佔據店內走道」,這也是和自身組織有關,是屬於「顯微鏡式」的分析結果。這時,若判定此為「流入量減少」的關鍵原因之一,即可停止分析。(見圖 2-6)

「流出量增加」的關鍵原因分析流程

接著,以同樣的方式來探究「流出量增加」的關鍵。

在原因樹第二層,我們發現成本增加(流出量增加)的主因,是來自於「**人事費用增加**」,這項觀察跟商店的自身組織有關,就是屬於「顯微鏡式」的分析結果。

接下來繼續探究,在原因樹第三層,發現人事費用增加的主因,是來自於「**政府最低工資調漲**」,這是自身組織受到政府新政策推動的影響有關,就是屬於「望遠鏡式」的分析結果。

這時,若判定「政府最低工資調漲」應該就是「**流出量增加**」的關鍵原因,即可停止分析。(見圖 2-7)

圖2-8 案例的關鍵原因分析流程圖

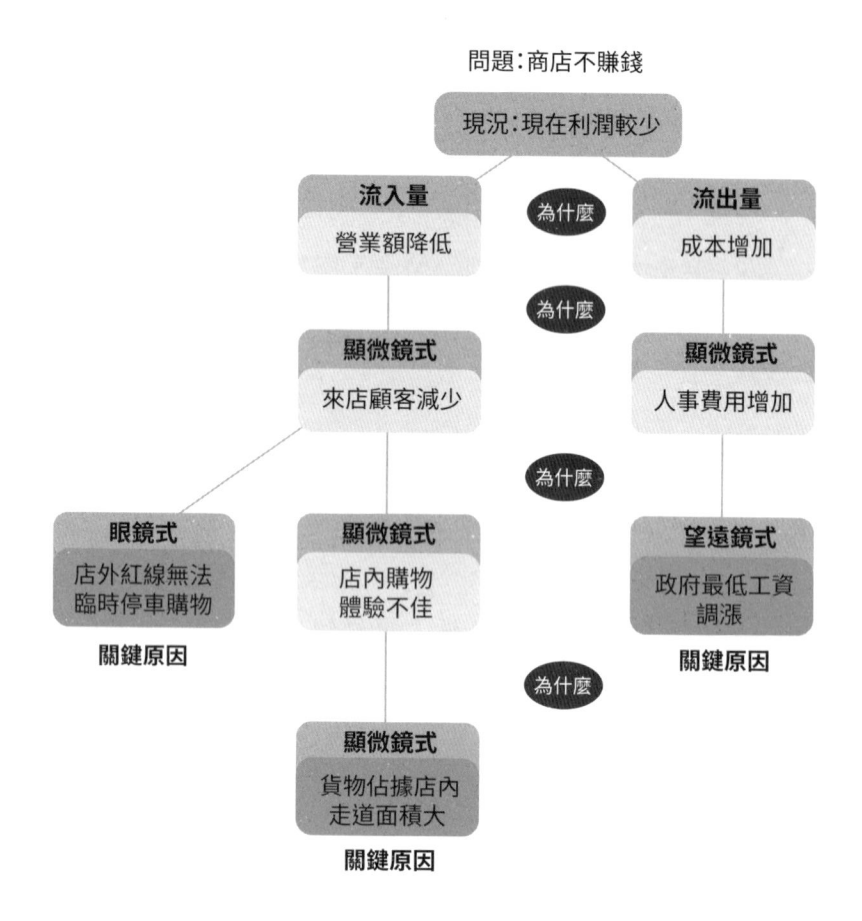

問題：商店不賺錢

現況：現在利潤較少

流入量
營業額降低

為什麼

流出量
成本增加

為什麼

顯微鏡式
來店顧客減少

顯微鏡式
人事費用增加

為什麼

眼鏡式
店外紅線無法
臨時停車購物

關鍵原因

顯微鏡式
店內購物
體驗不佳

望遠鏡式
政府最低工資
調漲

關鍵原因

為什麼

顯微鏡式
貨物佔據店內
走道面積大

關鍵原因

接著,我們可以整合「流入量減少」和「流出量增加」觀察分析的兩張圖,就能清楚看出這家商店不賺錢的關鍵原因(見圖 2-8),分別是:
- 店外紅線無法臨停購物
- 貨物佔據店內走道
- 政府最低工資調漲

Step3. 研擬對策

經由原因樹分析,得出所有關鍵原因之後,接下來就是針對關鍵原因,研擬解決問題的對策。建議大家可以進行三步驟篩選,提升研擬對策的效率。

篩選第一步　先找出無法改變的關鍵原因

由於有些關鍵原因是我們無法解決的,此時需要往上一層主因去分析,是否有解決的可能性。例如,「**政府最低工資調漲**」政策就是一個很好的例子,因為商家通常很難影響到政府的政策。企業知道「政府最低工資調漲」這個關鍵原因,是我們自己無法解決的,只好朝它的上一層主因「**人事費用增加**」去分析看看是否可以解決。

一般商店降低人事費用，最直接的方式就是減少人力，但是此舉會大幅影響服務品質。因此最合適的方法就是商店要嘗試運用新科技，朝「無人化」的方向發展，於是解決對策就出現了。「人事費用增加」這個問題的解決對策就是：

逐步導入人工智慧（AI）與物聯網（IoT）技術，朝向無人化發展。

經由第一步篩選處理之後，我們能解決的關鍵原因或主因都會被挑出，接著再分析被挑出的關鍵原因裡，有哪幾個原因的本質相同，可以合併一起解決。

篩選第二步　找出本質相同的原因

除了「政府最低工資調漲」之外，造成商店不賺錢的關鍵原因還有「**店外紅線無法臨停購物**」與「**貨物佔據店內走道**」，由於兩者本質並不相同，所以在這樣的情況下，無法合併一起解決。

篩選第三步　各自進行量身訂做的處理

剔除掉可以合併一起解決的原因之後，剩下的原因就得各自量身訂做來解決處理。

例如，針對「店外紅線無法臨停購物」最快的解決方案，莫過於直接跟政府相關單位申請店外撤除紅線標示，但

是這個方法卻是最不容易成功的。如果換個思考方式，我們可以跟鄰近的停車場合作推出「停車優惠方案」，例如，凡於店內消費多少金額以上，就可以免付多少小時的停車費，這樣也可以吸引客人願意到附近的停車場停車並來店消費。

所以，我們可以列出解決「**店外紅線無法臨停購物**」的對策就是：

撤除紅線申請，
以及與附近停車場合作優惠方案。

另一方面，針對「貨物佔據店內走道」這個關鍵原因，原本是因為商店想藉由提供額外服務（如：網購包裹領取服務），來吸引顧客主動進店並順便消費。

但如果商店本身的空間不夠大，這樣做反而會造成店內堆滿包裹、顧客不易購物的反效果，這時候就要考慮是否要調整或刪除那些「引鴆止渴」的服務項目了。所以，我們可以列出解決「**貨物佔據店內走道**」的對策就是：

調整或刪除非必要的包裹領取服務。

經由以上三步篩選處理，我們可以得到，要解決商店不賺錢的對策就是：無人化發展的技術導入、撤除紅線申請與停車場優惠方案、調整或刪除非必要的包裹領取服務。

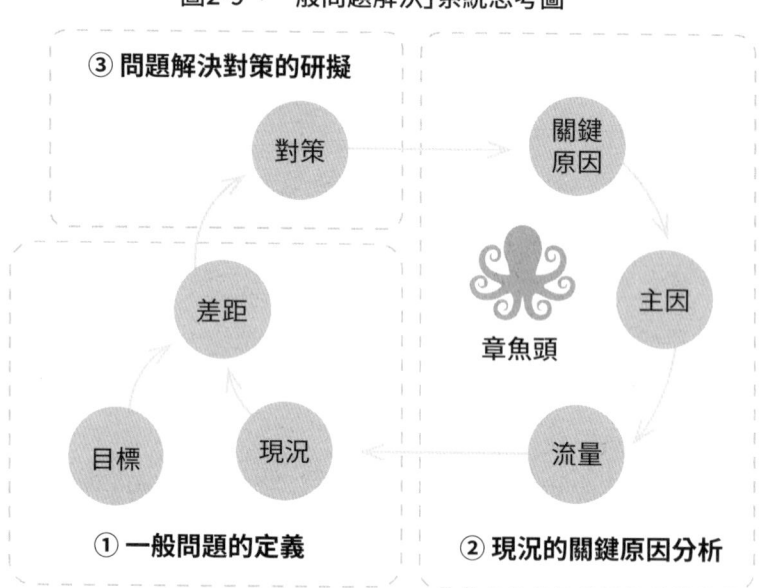

圖2-9「一般問題解決」系統思考圖

③ 問題解決對策的研擬

① 一般問題的定義

② 現況的關鍵原因分析

章魚頭

Step4. 繪製章魚頭系統思考圖

為了整合前面三步驟的邏輯關係與清楚呈現分析成果，我設計了一個針對一般問題解決的「系統思考圖」，為了好記，就取其形，稱呼它為「章魚頭系統思考圖」。

如圖2-9所示，這個系統思考圖是由「現況」、「目標」、「差距」、「對策」、「關鍵原因」、「主因」、「流量」，這七種名詞所組成。

圖中箭頭的兩側表示兩種名詞之間的因果互動關係，例如：現況→差距，代表現況（因）會影響差距（果）。

七種名詞可分別歸類在以下三個區塊。

區塊 1　定義問題

還記得嗎？要定義一個問題，會包含「現況」、「目標」、「差距」三種名詞，其中互動關係為：

「現況」與「目標」，會影響到「差距」的變化。

例如，現況表現得越差，差距就越大；目標訂得越高，差距就越大。

區塊 2　分析現況

在原因樹上，會包含「關鍵原因」、「主因」、「流量」三種名詞，其互動關係為：

「關鍵原因」會直接影響「主因」的狀態，
「主因」會直接影響「流量」的變化。

另一方面，區塊 2 的「流量」變化，會強烈地影響區塊 1 的「現況」。例如，在浴缸裡注水，水進入浴缸的流量越大，浴缸的水位（現況）就會上升得越快。

> 區塊 3　研擬對策

在這裡只包含了「對策」一種名詞，其互動關係為：
區塊 1 的「差距」越大，
區塊 3 的「對策」實施規模或強度要越大。

例如，浴缸的水位（現況）離目標水位的差距越大，越需要加大注水量，此時水龍頭旋轉的幅度也會越大，在這裡水龍頭的旋轉幅度就類似於對策實施的規模或強度。

另一方面，由於對策是根據關鍵原因如何被有效解決來擬定，所以區塊 3 的對策實施規模或強度越大，區塊 2 的「關鍵原因」消除或被解決的程度就越高。

接下來，我們回到「商店不賺錢」的這個問題上，分別針對以下三個解決方案，繪製三張系統思考圖：
　・優惠停車方案的實施程度
　・非必要領取服務的調整或刪除幅度
　・無人化技術的導入規模

演練 1　優惠停車方案的實施程度

圖 2-10 為採用「優惠停車方案」對策來解決問題的系統思考圖，整體因果關係描述如下：

- **區塊 1**：現有利潤（現況）與目標利潤（目標）的差距（差距）越大時，表示「商店不賺錢」的問題越嚴重。

- **區塊 3**：當差距越大時，優惠停車方案的實施程度（對策）就要越徹底。

- **區塊 2**：當優惠停車方案的實施程度越徹底時，顧客無法臨停購物的不便性（關鍵原因）就會降低。
  不便性減少，來店顧客的數量（主因）就會增加。
  來店顧客數量變多，商店營業額（流量）也會提升。

- **回到區塊 1**：營業額越高，現有利潤（現況）隨之提高，且利潤差距（差距）變小。當差距明顯變小，意謂「商店不賺錢」這個問題獲得適當的解決和改善。

圖2-10 採用「優惠停車方案實施程度」
對策來解決案例問題的系統思考圖

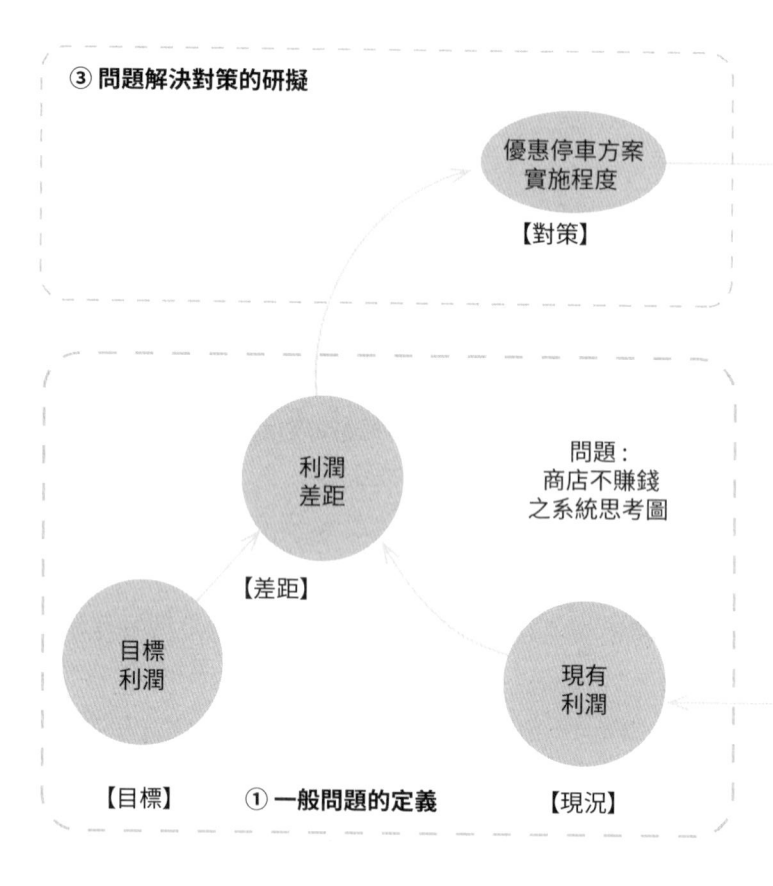

③ **問題解決對策的研擬**

優惠停車方案
實施程度
【對策】

利潤
差距
【差距】

目標
利潤
【目標】

現有
利潤
【現況】

問題：
商店不賺錢
之系統思考圖

① **一般問題的定義**

【關鍵原因】
無法臨時停車購物的不便性

章魚頭

來店顧客數量
【主因】

營業額

【流量】　②**現況的關鍵原因分析**

演練 2　非必要領取服務的調整或刪除幅度

　　圖 2-11 為採用「非必要領取服務的調整或刪除」對策來解決問題的系統思考圖，整體因果關係描述如下：

- **區塊 1**：現有利潤（現況）與目標利潤（目標）的差距（差距）越大時，表示「商店不賺錢」的問題越嚴重。

- **區塊 3**：當差距越大時，非必要領取服務的調整或刪除幅度（對策）就要越大。

- **區塊 2**：當非必要領取服務的調整或刪除幅度越大時，貨物佔據店內走道的面積（關鍵原因）就會減少。
  走道面積被佔據越少，顧客購物體驗（主因）會越好。
  顧客購物體驗越好，來店顧客數量（主因）就會增加。
  來店顧客數量變多，商店營業額（流量）也會提升。

- **回到區塊 1**：營業額越高，現有利潤（現況）就會隨之提高，讓利潤差距（差距）變小。當差距明顯變小，就意謂著「商店不賺錢」這個問題獲得適當的解決和改善。

圖2-11 採用「非必要領取服務的調整或刪除幅度」
對策來解決案例問題的系統思考圖

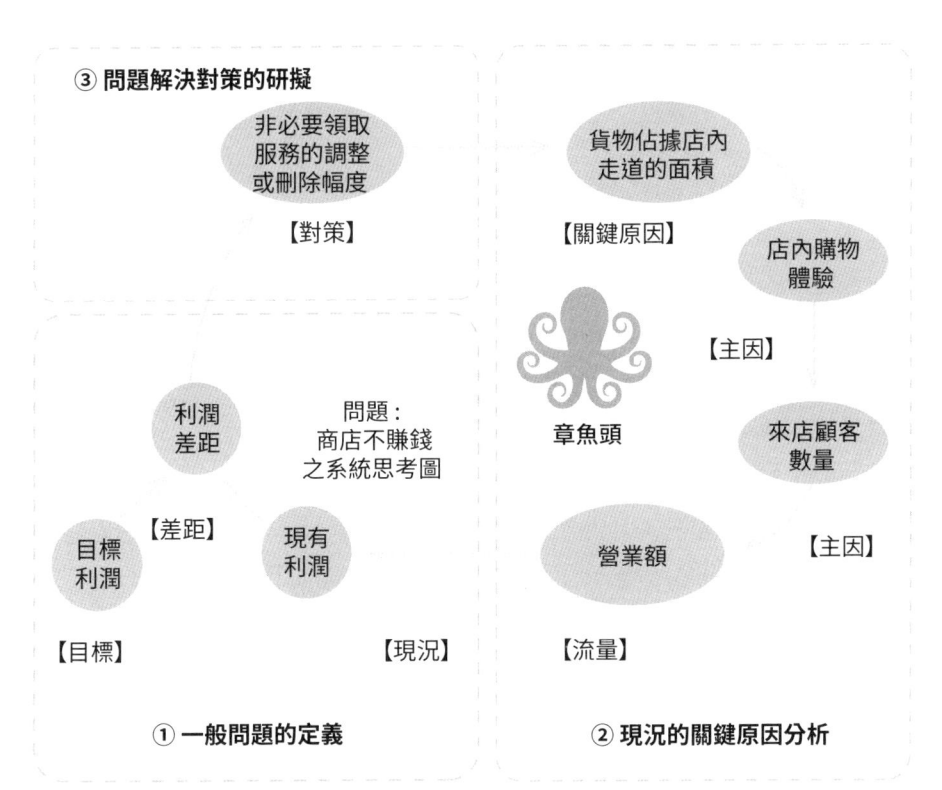

③ 問題解決對策的研擬

非必要領取服務的調整或刪除幅度
【對策】

貨物佔據店內走道的面積
【關鍵原因】

店內購物體驗
【主因】

章魚頭

來店顧客數量
【主因】

利潤差距

問題：
商店不賺錢之系統思考圖

目標利潤
【差距】
現有利潤

營業額
【流量】

【目標】　　　　　　【現況】

① 一般問題的定義

② 現況的關鍵原因分析

Chapter 2　搞定老闆要的提案—尋找專案魂　65

演練 3　無人化技術導入的規模

接下來，圖 2-12 為採用「無人化技術的導入規模」對策來解決問題的系統思考圖，整體因果關係描述如下：

- **區塊 1**：現有利潤（現況）與目標利潤（目標）的差距（差距）越大時，表示「商店不賺錢」的問題越嚴重。

- **區塊 3**：當差距越大時，無人化技術的導入規模（對策）就要越大。

- **區塊 2**：當無人化技術導入的規模越大時，人事費用（主因）就會大幅降低。人事費用越低，商店成本（流量）自然也會越少。

- **回到區塊 1**：成本越少，現有利潤（現況）會隨之提高，利潤差距（差距）變小。當差距明顯變小，就意謂著「商店不賺錢」這個問題獲得適當的解決和改善。

圖2-12 採用「無人化技術導入的規模」
對策來解決案例問題的系統思考圖

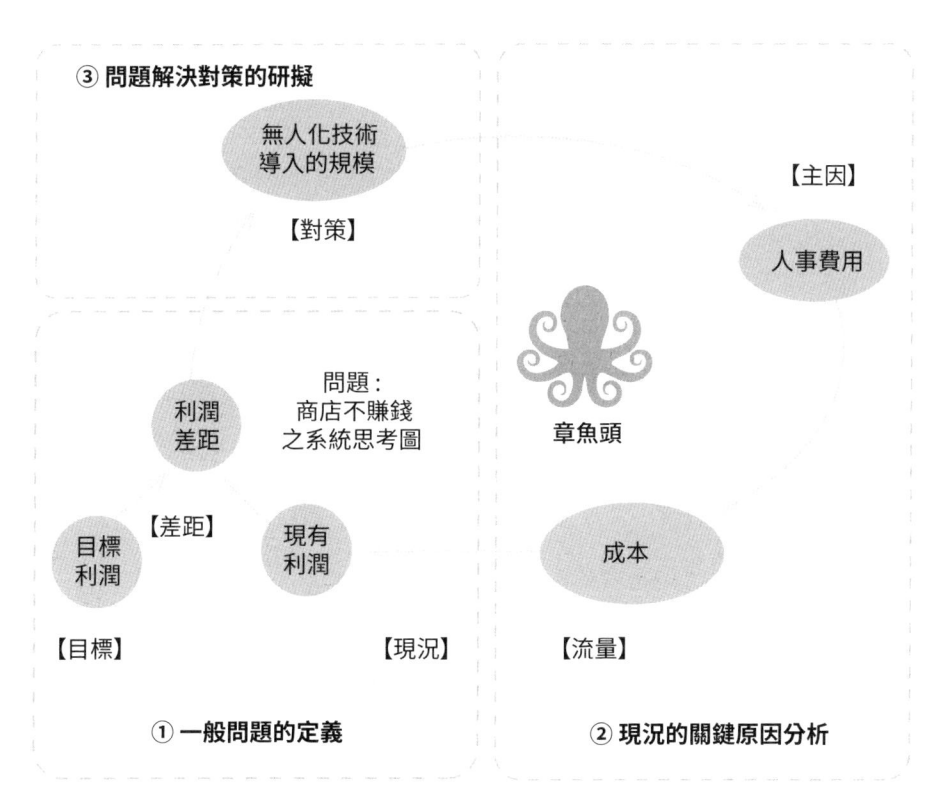

③ 問題解決對策的研擬

無人化技術導入的規模

【對策】

【主因】

人事費用

利潤差距

問題：
商店不賺錢
之系統思考圖

章魚頭

目標利潤

【差距】

現有利潤

成本

【目標】　　　　　【現況】　　　　　【流量】

① 一般問題的定義　　　② 現況的關鍵原因分析

Chapter 2　搞定老闆要的提案—尋找專案魂　67

圖2-13 案例問題解決的完整系統思考圖

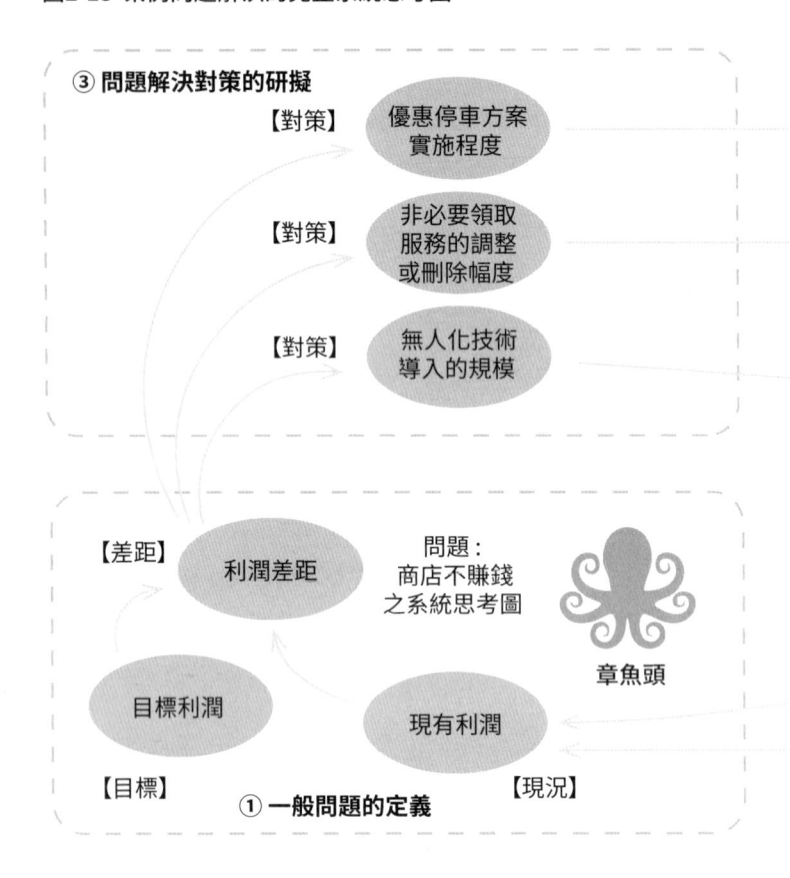

③ **問題解決對策的研擬**

【對策】→ 優惠停車方案實施程度

【對策】→ 非必要領取服務的調整或刪除幅度

【對策】→ 無人化技術導入的規模

【差距】利潤差距

問題：商店不賺錢之系統思考圖

章魚頭

【目標】目標利潤　【現況】現有利潤

① **一般問題的定義**

　　最後，把以上三個演練圖進行合併，就是解決「商店不賺錢」這個問題的完整章魚頭系統思考圖，如圖 2-13 所示。

　　由於專案的靈魂就是「解決問題」，善用「章魚頭系統思考圖」，就可以讓老闆一眼就明瞭你解決問題的分析全貌，達

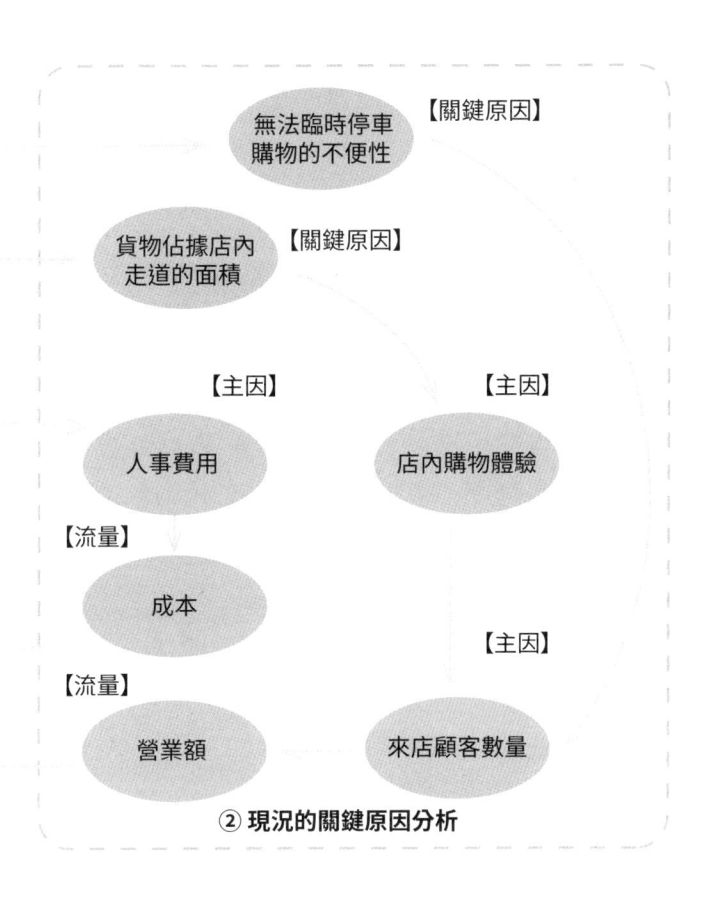

```
                【關鍵原因】
       無法臨時停車
       購物的不便性


    貨物佔據店內    【關鍵原因】
    走道的面積


      【主因】          【主因】

     人事費用         店內購物體驗

  【流量】

      成本
                      【主因】
  【流量】

     營業額          來店顧客數量

    ② 現況的關鍵原因分析
```

成有效率、又有效能的邏輯溝通。

　　接下來，我將介紹如何運用章魚頭系統思考圖，來設計撰寫「一頁式的專案提案書」，為你的提案賦予靈魂。

Chapter 2　搞定老闆要的提案─尋找專案魂　　69

※ 全方位 PM 實戰練習 ※

請大家運用在這一章裡學到的「原因樹」，分析看看自己的「存款為何沒達標」的問題。

存款未達標明顯是受到存進去的錢沒有增加（流入量）或領出來的錢變多（流出量）的影響，因此你可以從現況向下追問「為什麼」，第一層主因就是「存進去的錢沒增加」與「領出來的錢變多」，如右圖所示。

接著請大家從「存進去的錢沒有增加」（流入量），與「領出來的錢變多」（流出量），各自向下進行三種觀察（顯微鏡式、眼鏡式、望遠鏡式）的探討，找出造成現況不佳的關鍵原因。

```
                      問題:存款沒達標
                      現況:現有存款較低
                              │
                           為什麼
                    ┌─────────┴─────────┐
                流入量                    流出量
          存進去的錢沒有增加            領出來的錢變多
                    │                     │
                  為什麼                  為什麼
         顯微鏡式、眼鏡式、望遠鏡式    顯微鏡式、眼鏡式、望遠鏡式

                    │                     │
                  為什麼                  為什麼
         顯微鏡式、眼鏡式、望遠鏡式    顯微鏡式、眼鏡式、望遠鏡式

                    │                     │
                  為什麼                  為什麼
         顯微鏡式、眼鏡式、望遠鏡式    顯微鏡式、眼鏡式、望遠鏡式


              關鍵原因                  關鍵原因
```

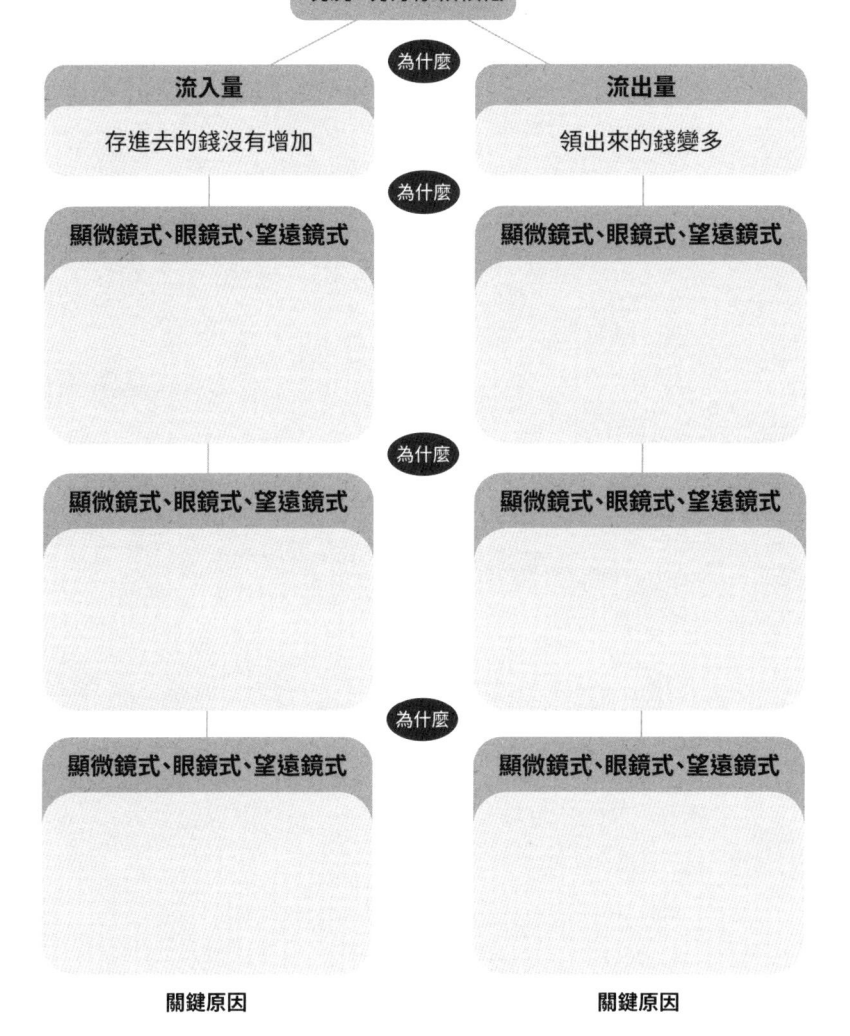

Chapter 2　搞定老闆要的提案—尋找專案魂

Chapter 3

「一頁」說服老闆
——擬定提案書

專案提案書，或稱「專案章程」（Project Charter）是一份正式授權某個專案成立的文件，目的是說服「專案贊助者」支持與落實你的專案。

在企業組織中，專案贊助者就是你的老闆或主管；在學校組織中，專案贊助者就是學校的主任或校長，也就是那些決定專案是否執行、或是給予多少資源執行的決策者。如果想要說服專案贊助者，就要讓他們明白你的提案能為他們解決那些「**最重要或最迫切**」的問題，或者是讓他們對專案成果產生「**物超所值**」的感覺。

提案書並非「作文比賽」，或者是「圖表數量競賽」，而且決策的時間有限，所以最好是能用「**一頁**」**來呈現，這樣可以幫助贊助者迅速掌握專案的全貌**。至於相關分析或補充資料，可視為「附件」放在一頁提案之後，若贊助者對細節有興趣時可進一步翻閱。「一頁式」的專案提案書，就很類似於我們教授常使用的「論文摘要」，通常會在看過摘要之後，覺得跟自己的研究有關，才會進一步去看論文的細節。

由於每一個贊助者心裡所想的都是，成立專案就是要「花費最少資源」來「創造最大價值」，所以預算、時間、資源都有可能在專案成立前被大幅修改。也因此，專案提案的重點務必要放在「**為何而做**」，而非「**如何去做**」上。

提案重點,強調「為何而做」

前述的章魚頭系統思考圖,就是專案「為何而做」的具體分析展現。

接下來,我們先藉由「章魚頭系統思考」的方法,來進行一頁式提案示範。假設我們以「**會員數未達標**」這個問題來擬定對策,要怎麼運用章魚頭系統思考,來製作有靈魂的「一頁式提案書」呢?

首先,針對「會員數未達標」的問題,其「現況」是公司現有的會員數較少,距離目標會員數的差距大。由於現有會員數的變化會受到「新會員數」與「舊會員數」的影響,因此,原因樹向下追問的第一層主因就是:

新會員增加慢(流入量)
舊會員解約增加(流出量)

從第一層得到的「流入量」和「流出量」,各自向下持續進行三種觀察分析,來找出各層真正影響比較大的一個或兩個主要原因,發現主因應該就是關鍵原因時,即可停止向下一層分析的動作。

圖3-1 流入量(新會員增加慢)的關鍵原因分析流程圖

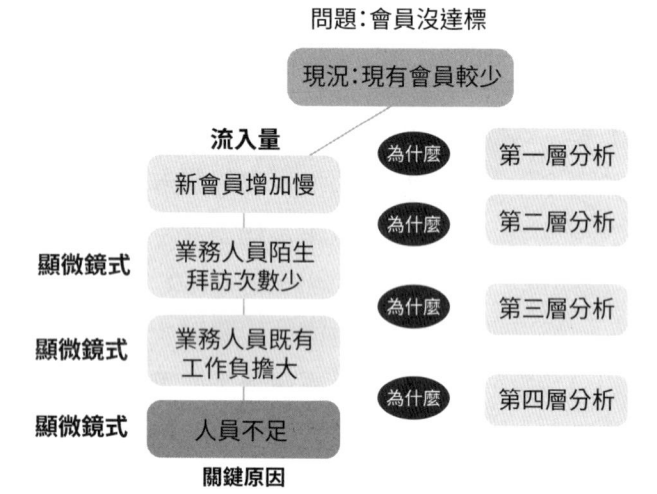

```
                    問題：會員沒達標
                   ┌─────────────────┐
                   │ 現況：現有會員較少 │
                   └─────────────────┘
              流入量            為什麼    第一層分析
           ┌──────────┐
           │ 新會員增加慢 │
           └──────────┘        為什麼    第二層分析
           ┌──────────┐
顯微鏡式   │ 業務人員陌生 │
           │  拜訪次數少  │
           └──────────┘        為什麼    第三層分析
           ┌──────────┐
顯微鏡式   │ 業務人員既有 │
           │  工作負擔大  │
           └──────────┘        為什麼    第四層分析
           ┌──────────┐
顯微鏡式   │   人員不足   │
           └──────────┘
              關鍵原因
```

「流入量減少」的關鍵原因分析流程

如圖3-1，在原因樹第二層，流入量減少，也就是「新會員增加慢」的主要原因來自於「業務人員陌生拜訪次數少」，這跟身處組織有關，屬於顯微鏡式的分析結果。

到了原因樹的第三層，「業務人員陌生拜訪次數少」的主要原因是來自「業務人員既有工作負擔大」，這也跟身處組織有關，亦屬於顯微鏡式的分析結果。

到了原因樹第四層，「業務人員既有工作負擔大」的主要

圖3-2 流出量(舊會員解約增加)的關鍵原因分析流程圖

問題：會員沒達標

現況：現有會員較少

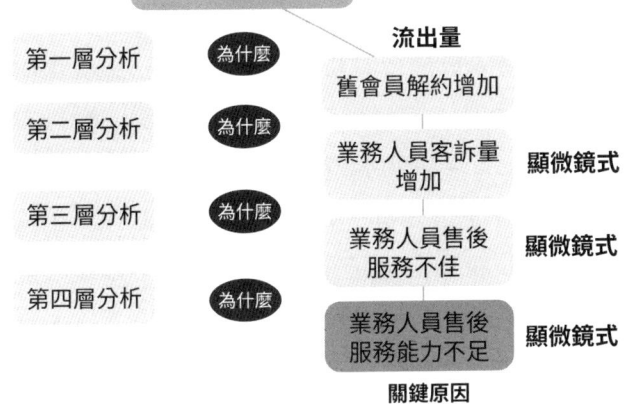

第一層分析　為什麼　　流出量
　　　　　　　　　　　舊會員解約增加

第二層分析　為什麼　　業務人員客訴量增加　　顯微鏡式

第三層分析　為什麼　　業務人員售後服務不佳　　顯微鏡式

第四層分析　為什麼　　業務人員售後服務能力不足　　顯微鏡式

關鍵原因

原因是來自於「**人員不足**」，這依然是跟身處組織有關，屬於顯微鏡式的分析結果。此時發現「人員不足」，應該就是新會員增加慢（流入量減少）的關鍵原因了，即可停止分析。

「流出量增加」的關鍵原因分析流程

如圖 3-2，在原因樹第二層，流出量增加意味著「舊會員解約增加」的主要原因是來自「**業務人員客訴量增加**」，這跟身處組織有關，屬於「顯微鏡式」的分析結果。

到了原因樹的第三層,「業務人員客訴量增加」的主要原因來自於「**業務人員售後服務不佳**」,這也跟身處組織有關,屬於「顯微鏡式」的分析結果。

　　到了原因樹第四層,「業務人員售後服務不佳」的主要原因是來自於「**業務人員售後服務能力不足**」,這跟身處組織有關,屬於「顯微鏡式」的分析結果。此時發現「業務人員售後服務能力不足」,應該就是舊會員解約增加(流出量增加)的關鍵原因,即可停止分析。整合圖 3-1 與圖 3-2,從圖 3-3 上就能清楚看出「會員數沒達標」這個問題的關鍵原因,分別是「人員不足」與「業務人員售後服務能力不足」。

針對問題,研擬對策

　　針對「人員不足」與「業務人員售後服務能力不足」這兩個關鍵原因,進行三步驟的篩選處理。

　　第一步,找出無法改變的關鍵原因。「人員不足」與「業務人員售後服務能力不足」,都屬公司有能力改變者。第二步,找出本質相同的原因。「人員不足」與「業務人員售後服務能力不足」這兩個關鍵原因的本質不相同,所以無法合併一起解決。第三步,針對「人員不足」與「業務人員售後服務能力不足」,各自進行量身訂做的處理。

圖3-3 會員沒達標問題的關鍵原因分析流程圖

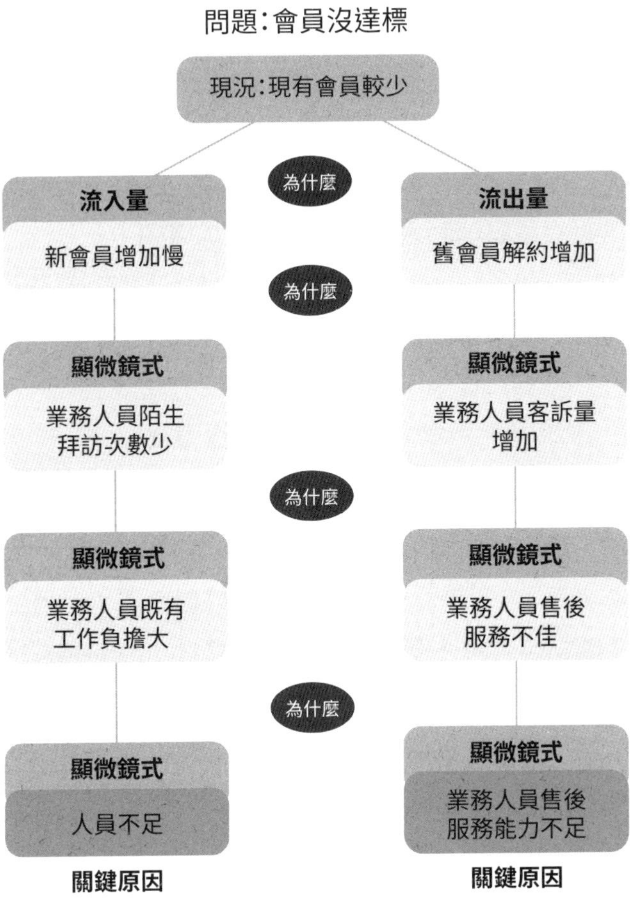

問題：會員沒達標

現況：現有會員較少

為什麼

流入量
新會員增加慢

流出量
舊會員解約增加

為什麼

顯微鏡式
業務人員陌生拜訪次數少

顯微鏡式
業務人員客訴量增加

為什麼

顯微鏡式
業務人員既有工作負擔大

顯微鏡式
業務人員售後服務不佳

為什麼

顯微鏡式
人員不足

顯微鏡式
業務人員售後服務能力不足

關鍵原因　　　　　　　**關鍵原因**

Chapter 3 「一頁」說服老闆—擬定提案書

例如，解決「人員不足」的方法，最簡單的就是**聘人**，但要注意增加的人事成本會不會引發其他問題。而針對「業務人員售後服務能力不足」，最一勞永逸的方法就是**賦能**，所以解決對策就是提升業務人員專業的售後服務職能。

經由這三步驟篩選，可以得到解決對策就是「增加招聘數量」與「提升業務人員售後服務職能」。由於有兩個解決對策，所以我們需要繪製兩張章魚頭系統思考圖。

實戰演練・章魚頭系統思考圖

演練 1 「增加招聘數量」為對策的系統思考圖

圖 3-4 為採用「增加招聘數量」為對策來解決問題的系統思考圖，整體因果關係描述如下：

- **區塊 1**：當現有會員（現況）與目標會員（目標）的差距越拉越大時，就表示「會員沒達標」的問題越嚴重。
- **區塊 3**：當差距越大時，招聘數量（對策）**就要越多**。
- **區塊 2**：招聘數量越多，人員不足的程度（關鍵原因）就會降低；人員不足的程度越低，業務人員既有工作負擔（第三層主要原因）就會越輕。

業務人員工作負擔越輕，陌生拜訪次數（第二層主要

圖3-4 採用「聘人的數量」對策來解決問題的系統思考圖

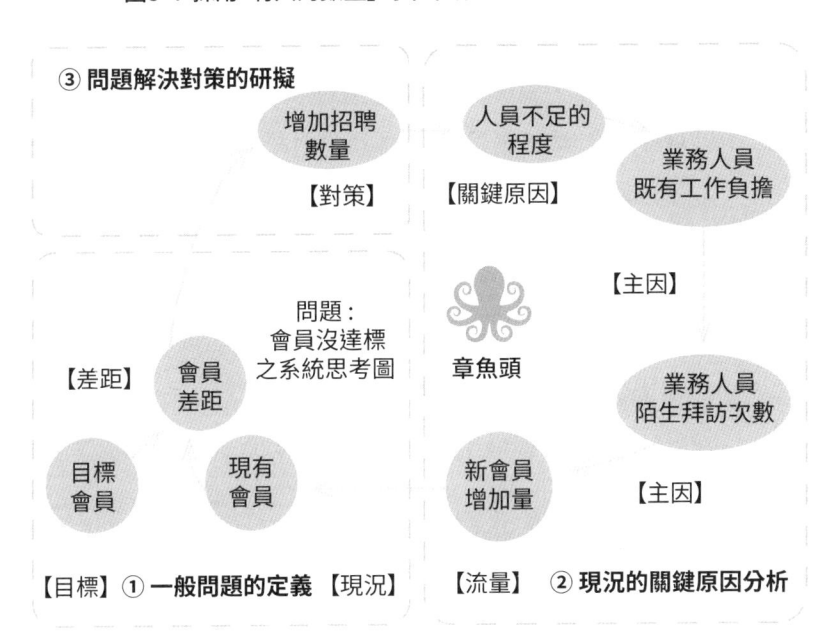

③ 問題解決對策的研擬

增加招聘數量【對策】

人員不足的程度【關鍵原因】

業務人員既有工作負擔【主因】

【差距】

會員差距

問題：會員沒達標之系統思考圖

章魚頭

業務人員陌生拜訪次數【主因】

目標會員

現有會員

新會員增加量

【目標】① 一般問題的定義 【現況】　【流量】　② 現況的關鍵原因分析

　　原因）就會增加；陌生拜訪次數一旦變多，新會員的增加量（流入量）自然也會提升。

・**回到區塊 1**：當新會員增加量越多，現有會員（現況）就會隨之增加，使得會員數差距變小。當差距明顯變小，就意謂「會員數未達標」的問題有獲得適當解決及改善。

演練 2　「提升業務售後服務職能」為對策的系統思考圖

圖 3-5 為採用「提升業務售後服務職能」為對策來解決問題的系統思考圖，整體因果關係描述如下：

- **區塊 1**：當現有會員（現況）與目標會員（目標）的差距越拉越大時，就表示「會員沒達標」的問題越嚴重。
- **區塊 3**：差距越大時，提升售後服務職能程度（對策）要越高。
- **區塊 2**：當提升業務人員售後服務職能的程度越高時，業務人員售後服務能力不足的程度（關鍵原因）就會降低；售後服務能力不足的程度越低，業務人員售後服務不佳（第三層主要原因）情形就會越少。

  售後服務不佳情形越少，業務人員的客訴量（第二層主要原因）就會降低。客訴量一旦變少，舊會員解約量（流出量）自然也會減少。
- **回到區塊 1**：舊會員解約量越少，代表現有會員（現況）不易流失，差距不會進一步擴大；當差距不易擴大，就意謂「會員數未達標」的問題有獲得適當解決及改善。

圖3-5 採用「業務人員提升專業售後服務職能的程度」
　　　對策來解決問題的系統思考圖

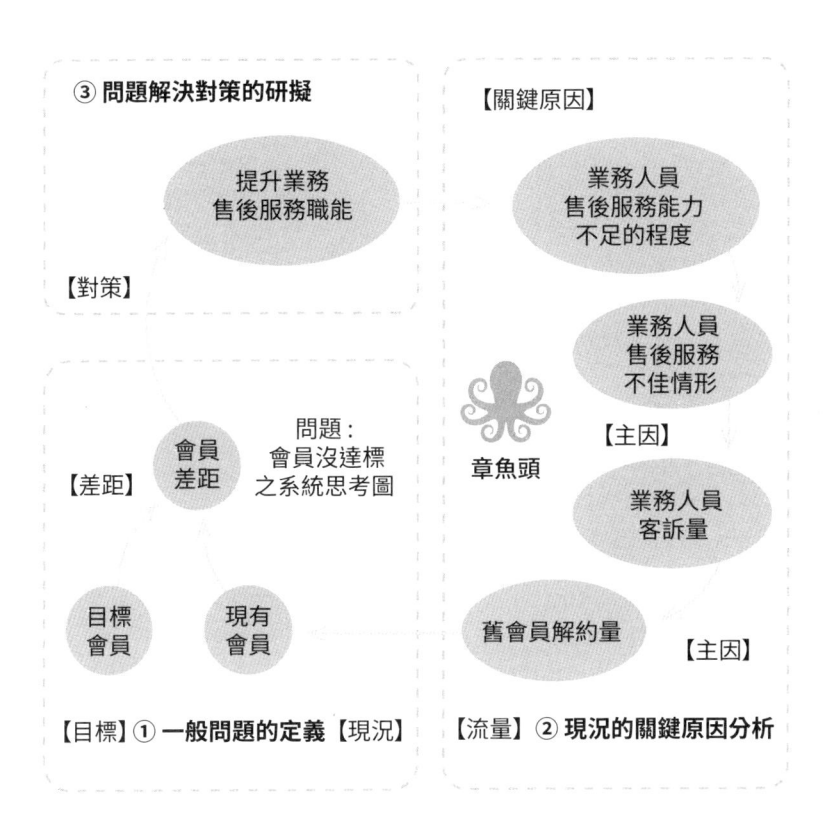

③ **問題解決對策的研擬**

提升業務售後服務職能

【對策】

【關鍵原因】

業務人員售後服務能力不足的程度

業務人員售後服務不佳情形

【主因】

章魚頭

業務人員客訴量

【差距】

會員差距

問題：會員沒達標之系統思考圖

目標會員　現有會員

舊會員解約量

【主因】

【目標】① **一般問題的定義**【現況】　　【流量】② **現況的關鍵原因分析**

圖3-6 提案示範案例問題解決的完整系統思考圖

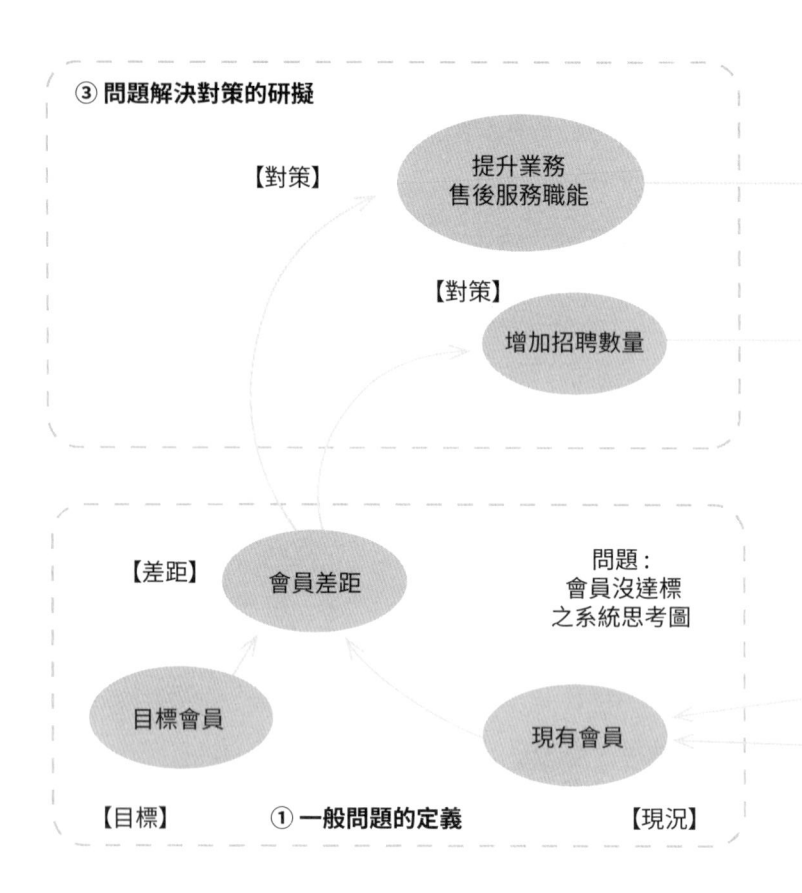

③ 問題解決對策的研擬

【對策】提升業務售後服務職能

【對策】增加招聘數量

【差距】會員差距

問題：會員沒達標之系統思考圖

【目標】目標會員

【現況】現有會員

① 一般問題的定義

接著，我們把圖 3-4 與圖 3-5 進行合併整理後，如圖 3-6 所示，圖 3-6 就是提案示範案例問題解決的完整章魚頭系統思考圖。

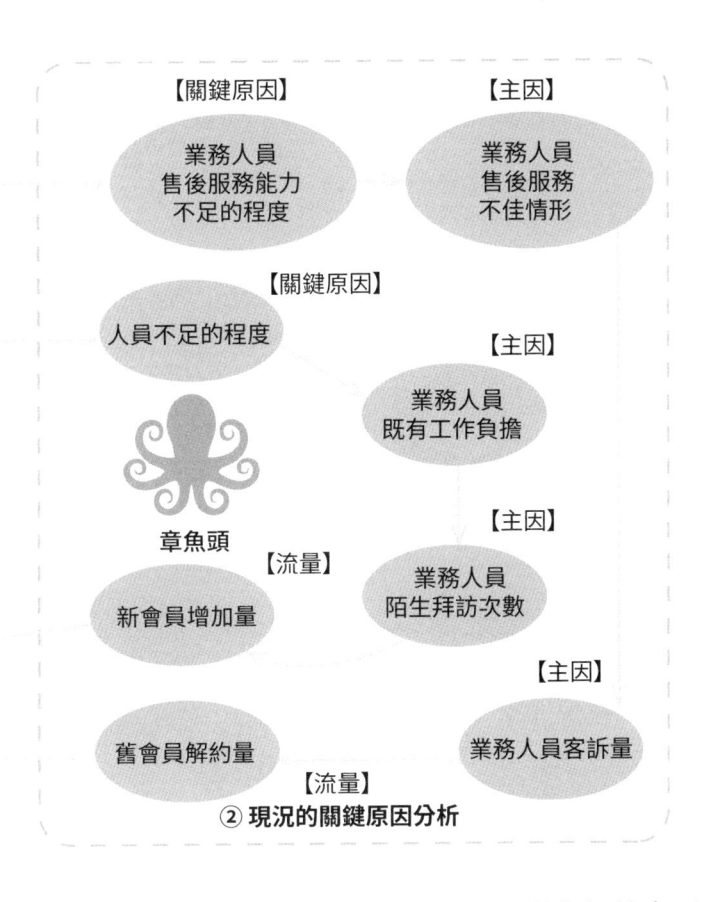

【關鍵原因】業務人員售後服務能力不足的程度

【主因】業務人員售後服務不佳情形

【關鍵原因】人員不足的程度

【主因】業務人員既有工作負擔

章魚頭

【流量】新會員增加量

【主因】業務人員陌生拜訪次數

【主因】業務人員客訴量

舊會員解約量 【流量】

② 現況的關鍵原因分析

　　如果大家對於上述「章魚頭系統思考」的操作細節有不清楚的地方，建議可以再複習一下第二章的相關內容。

圖3-7 一頁式專案提案書使用系統思考圖相關資訊的示意圖

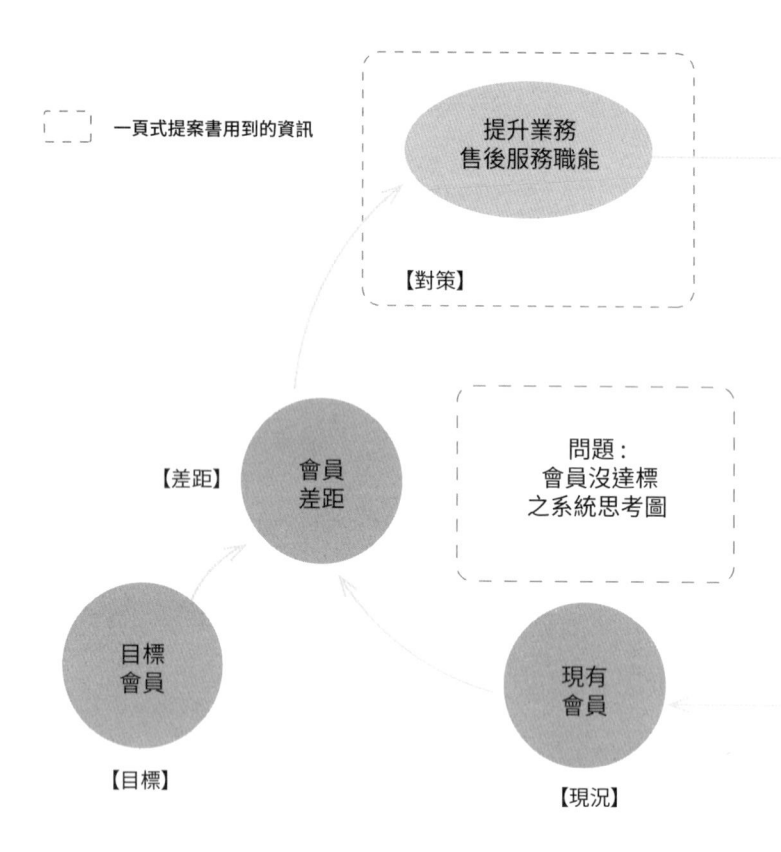

```
┌ ─ ┐
└ ─ ┘ 一頁式提案書用到的資訊
```

提升業務
售後服務職能

【對策】

【差距】 會員差距

問題：
會員沒達標
之系統思考圖

目標會員

現有會員

【目標】

【現況】

一頁式專案提案書

複習過「章魚頭系統思考圖」之後，接下來會開始逐步解說怎麼把章魚頭系統思考圖，轉化為一頁式專案提案書。

業務人員
售後服務能力
不足的程度

【關鍵原因】

業務人員
售後服務
不佳情形

【主因】

章魚頭

業務人員客訴量

【主因】

舊會員解約量

【流量】

　　以採用「提升業務售後服務職能」為對策的系統思考圖為例（圖3-5），圖3-7呈現當專案經理要撰寫一頁式專案提案書時，將會使用到的資訊包括：
問題、流量、關鍵原因、對策。

表 3-1「提升業務售後服務職能」一頁式專案提案書

項目	說明
專案名稱〈3〉	量身訂做個人化售後服務教育訓練課程
專案目標〈4〉	如期:十週內完成培訓 如質:100% 通過售後服務教育測驗 如預算:十萬元內
專案緣起〈1〉	因業務人員售後服務能力不足,造成舊會員解約增加,導致會員沒有達標
主要里程碑〈6〉	1、參加名單確認(5/28) 2、師資確認(6/21) 3、測驗(8/3) 4、結訓(8/9)
主要交付標的〈5〉	1、課程規劃書(文件) 2、師資尋找與聯絡(服務) 3、學員報到與簽到(服務) 4、課程協助志工培訓(訓練) 5、測驗通過證書(產品)
專案經理〈9〉	正式指派【某甲】為本專案經理
專案成員〈10〉	先行指派【某乙】、【某丙】、【某丁】、【某戊】為本專案主要成員
主要利害關係人〈11〉	業務部門主管、人力資源部門主管、上課學員、外聘老師
專案基本需求〈2〉	希望提升業務人員售後服務職能
專案假設狀況〈7〉	假設外聘老師可配合本專案課程時段
專案限制條件〈8〉	預算、執行時間、訓練地點為公司大樓
專案贊助者〈12〉	專案贊助者核准(總經理)

表 3-1 是以「提升業務售後服務職能」為對策的一頁式專案提案書，通常大家都會按照這類制式表格由上而下的項目欄位來依序填入。先訂好專案名稱、接著填寫專案目標、專案緣起、主要里程碑、主要交付標的、專案經理、專案成員、主要利害關係人、專案基本需求、專案假設狀況、專案限制條件、專案贊助者簽名。雖然這是一般的習慣做法，但是比較不像專案管理的思考邏輯，加上有些項目欄位之間也有存在因果關係，所以本書建議項目填寫順序如下。

　　專案管理的首要任務是釐清「專案為何而做」，先填寫專案緣起，並針對緣起來思考專案基本需求為何，接著根據基本需求來設計相應的專案，專案名稱確立後才能推估專案的目標。「專案為何而做」的下一個步驟應該是「專案要做什麼」，先具體定義專案要交付給贊助者的成果(交付標的)，接著決定跟交付標的檢核或驗收有關的重要日期(主要里程碑)、假設狀況與限制條件。「專案要做什麼」清楚後便能安排「專案相關人員」，確認專案經理、專案成員、主要利害關係者與專案贊助者。表 3-1 各個項目欄位的對應號碼，〈1〉~〈12〉，就是依照上述專案管理的思考邏輯撰寫順序來編號。

　　左方一頁式專案提案書表格裡的 12 個項目，依屬性可區分成三大部份：

第一、專案為何而做

第二、專案要做什麼

第三、專案相關人員

以下依照填寫的先後順序說明。

第一部分　專案為何而做

根據圖 3-7「章魚頭系統思考圖」呈現的資訊，闡述專案為何而做的項目包括了：

1. 專案緣起
2. 專案基本需求
3. 專案名稱
4. 專案目標

「專案緣起」項目〈1〉可根據圖 3-7 的「**關鍵原因**」或「**主因**」、「**流量**」、「**問題定義**」來撰寫，以下提供撰寫模板：

因為○○○○○（填入欲解決的關鍵原因），

造成○○○○○（填入流入量或流出量），

導致○○○○○（填入問題的定義）。

以這張「提升業務售後服務職能」一頁式專案提案書為

例,在「專案緣起」項目可以這麼寫:
因業務人員售後服務能力不足(欲解決的關鍵原因),
造成舊會員解約增加(流出量增加),
導致會員數沒有達標(問題定義)。

「專案基本需求」項目〈2〉可根據圖 3-7 的「**解決對策**」來撰寫,在此提供一個撰寫模板:
希望○○○○○(填入關鍵原因的解決對策)

以這張「提升業務售後服務職能」一頁式專案提案書為例,在「專案基本需求」項目可以這麼寫:
希望提升業務人員售後服務職能(關鍵原因解決對策)

「專案名稱」項目〈3〉主要是根據「專案基本需求」項目〈2〉來設計。**專案,其實就是解決對策的具體行動方案。**以這個案子來看,提升業務人員售後服務職能的最佳具體行動方案是「教育訓練」,所以「專案名稱」如下所示:
量身訂做個人化的售後服務教育訓練課程(解決對策的具體行動方案)

「專案名稱」項目〈3〉確立後，便能推估專案的三個重要管理目標：總期程、品質驗收標準、總預算。「量化」與「合理化」是專案目標訂定的重點，以此範例來說，「專案目標」項目〈4〉訂定可以如下所示：

如期：十週內完成培訓
如質：100% 通過售後服務教育測驗
如預算：10 萬元內

專案緣起〈1〉	因為業務人員售後服務能力不足， （↑填入欲解決的關鍵原因） 造成舊會員解約增加， （↑填入流入量／流出量） 導致會員數沒有達標 （↑填入問題定義）
專案基本需求〈2〉	希望提升業務人員售後服務職能 （↑填入關鍵原因的解決對策）
專案名稱〈3〉	量身訂做個人化售後服務教育訓練課程 （↑填入解決對策的具體行動方案）
專案目標〈4〉	如期：十週內完成培訓（總期程） 如質：100% 通過課程測驗（驗收標準） 如預算：10 萬元內（總預算） （↑以量化、合理化為訂定重點）

第二部分　專案要做什麼

闡述「專案為何而做」的項目包括了：

5. 主要交付標的
6. 主要里程碑
7. 專案假設狀況
8. 專案限制條件

在「主要交付標的」項目〈5〉中，呈現的是要交付給贊助者或客戶的成果，交付標的（Deliverables）可能是產品、服務、文件、訓練，其中任一種或搭配組合。以此範例來說，「主要交付標的」可以如下所示：

・課程規劃書（文件）
・師資尋找與聯絡（服務）
・學員報到與簽到（服務）
・課程協助志工培訓（訓練）
・測驗通過證書（產品）

在「主要里程碑」項目〈6〉中，呈現的是和交付標的「檢核或驗收」有關的重要日期。以此範例來說，「主要里程碑」可以如下所示：

・參加名單確認（5/28）

‧師資確認（6/21）

‧測驗（8/3）

‧結訓（8/9）

在「專案假設狀況」項目〈7〉裡，要呈現此專案中較難掌控的不確定事項；而在「專案限制條件」項目〈8〉中，呈現的是此專案中既定並且無法改變的條件。以此範例來說，專案的「假設狀況」和「限制條件」可以如下所示：

假設狀況：假設外聘老師可以配合本專案課程規劃時段

限制條件：預算、執行時間、訓練地點必須在公司大樓

主要交付標的〈5〉	課程規劃書（文件）、師資尋找與聯絡（服務）、學員報到與簽到（服務）、課程協助志工培訓（訓練）、測驗通過證書（產品）
主要里程碑〈6〉	參加名單確認（5/28）、師資確認（6/21）、測驗（8/3）、結訓（8/9）
專案假設狀況〈7〉	假設外聘老師可以配合本專案課程規劃時段
專案限制條件〈8〉	預算、執行時間、訓練地點必須在公司大樓

第三部分　專案相關人員

「專案相關人員」的項目包括了：
9. 專案經理
10. 專案成員
11. 主要利害關係人
12. 專案贊助者

將前面資訊完成後，便能清楚安排與有效辨識專案的相關人員，例如：專案經理、專案成員、主要利害關係人與專案贊助者。其中，「**主要利害關係人**」是指受專案影響的內部或外部相關人員；而「**專案贊助者**」則需要在專案中負責提供贊助及進行決策，通常會由高階主管擔任。

以此範例來說，「專案相關人員」可以如下所示：

專案經理〈9〉	正式指派某甲為本專案經理
專案成員〈10〉	先行指派某乙、某丙、某丁、某戊為本專案成員
主要利害關係人〈11〉	業務部門主管、人力資源部門主管、上課學員、外聘老師
專案贊助者〈12〉	專案贊助者核准（總經理）

※ 全方位 PM 實戰練習 ※

練習一

請選擇一個你曾管理或協助過的專案,利用前述模板與範例,填寫「專案緣起」、「專案基本需求」、「專案名稱」、「專案目標」四個項目。填寫時也可以思考一下,過去沒有通過的提案,跟這四個項目寫得好不好,有沒有緊密的因果關係呢?

練習二

請選擇一個你曾管理或協助過的專案,運用下方提供的空白章魚頭系統思考圖,練習填入專案的現況分析、關鍵原因,以及針對問題所研擬的對策。

練習一

專案緣起〈1〉	因為＿＿＿＿＿＿＿＿＿＿＿＿＿＿＿ （↑填入欲解決的關鍵原因） 造成＿＿＿＿＿＿＿＿＿＿＿＿＿＿＿ （↑填入流入量／流出量） 導致＿＿＿＿＿＿＿＿＿＿＿＿＿＿＿ （↑填入問題定義）
專案基本需求〈2〉	希望＿＿＿＿＿＿＿＿＿＿＿＿＿＿＿ （↑填入關鍵原因的解決對策）
專案名稱〈3〉	＿＿＿＿＿＿＿＿＿＿＿＿＿＿＿＿＿ （↑填入解決對策的具體行動方案）
專案目標〈4〉	如期：＿＿＿＿＿＿＿＿＿＿（總期程） 如質：＿＿＿＿＿＿＿＿＿＿（驗收標準） 如預算：＿＿＿＿＿＿＿＿＿（總預算） （↑以量化、合理化為訂定重點）

練習二

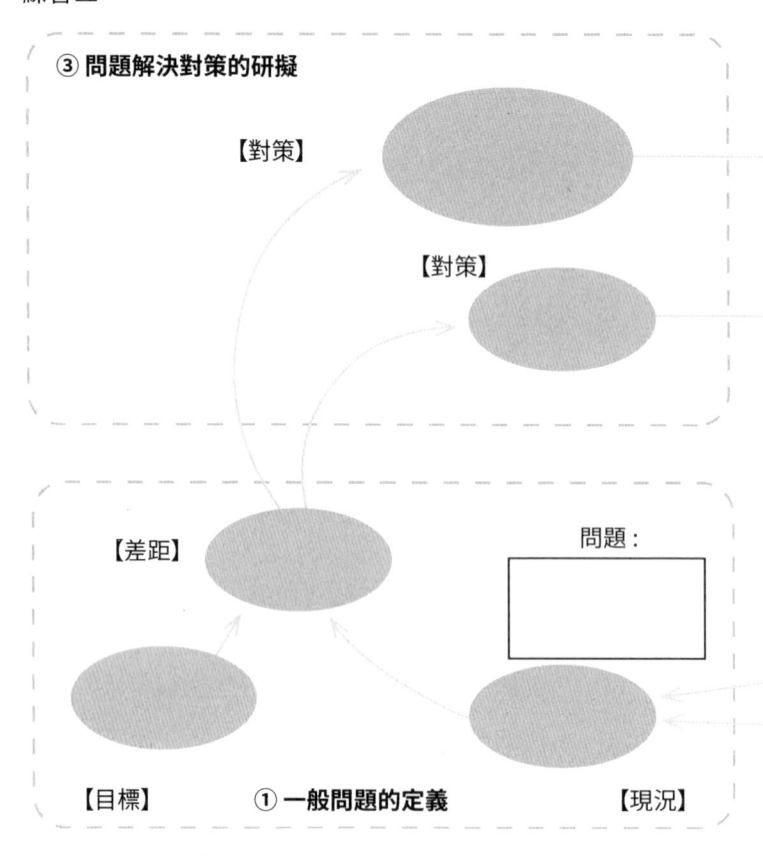

③ 問題解決對策的研擬

【對策】

【對策】

【差距】

問題：

【目標】　**① 一般問題的定義**　【現況】

【關鍵原因】　　　　　【主因】

【關鍵原因】

【主因】

章魚頭　　【主因】

【流量】

【主因】

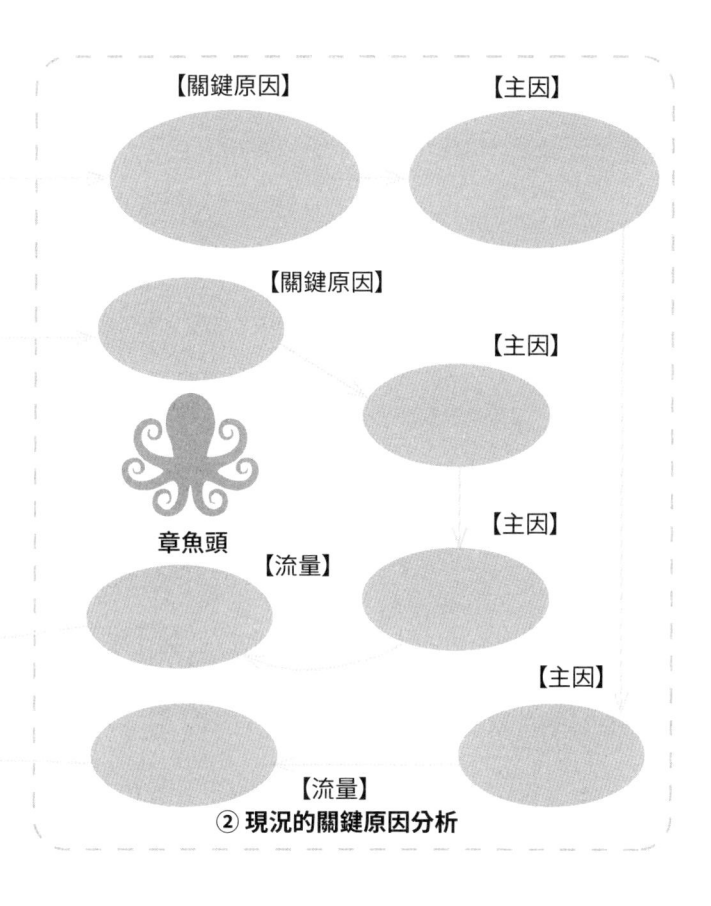

【流量】
② 現況的關鍵原因分析

Chapter 3 「一頁」說服老闆─擬定提案書

Chapter 4

不窮忙的專案管理
——學會看全貌

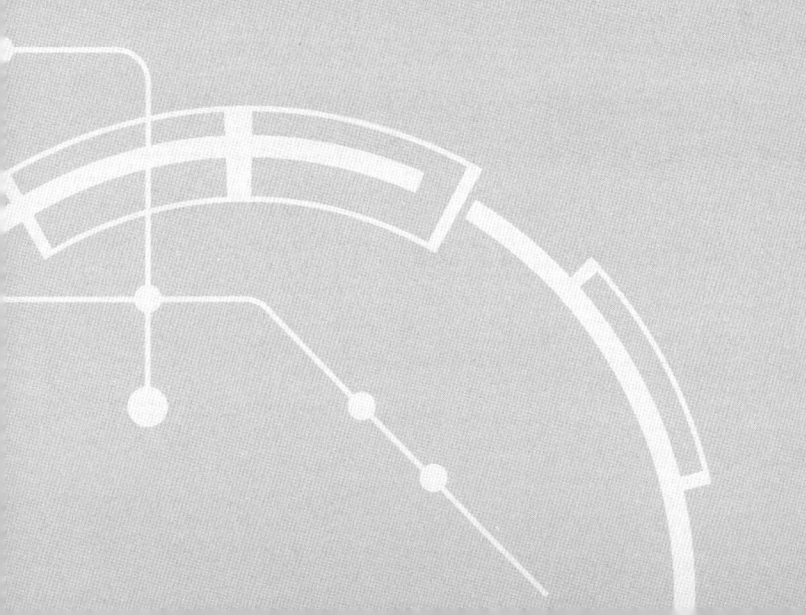

每一年，媒體都會在年末舉辦「年度代表字」的票選活動，如果把年度代表「字」改為代表「詞」，相信「窮忙」這一詞，應該會被列入必選項。

「窮忙族」（Working poor）這一詞最早出現在 1990 年代的美國，指的是那些拚命工作，卻仍然無法改善生活水平、仍然陷入貧困的人群。更可怕的是，窮忙會「傳染」，甚至還會「世襲」。

根據我長年在第一線進行專案管理教學、診斷與導入的實務經驗裡，發現專案管理也很容易陷入「窮忙」的惡性循環裡。舉例來說，補習、加班、開會、減肥、裁員……這些都是人們面臨「問題」時經常會採用的對策。

然而，如果我們進一步詢問這些對策對於解決問題的有效性，很多時候得到的答案卻是「效果不大」，或是「一段時間後就沒效」。

這和組織裡專案的「命運」也很像，當企業遇到問題，希望以成立專案來解決問題，一群人為此忙得昏天暗地，最後提出的解決對策卻是效果不大或無法持續。這也意味著，那些耗費大量人力、物力、時間、預算，所研擬出來的解決對策，未來被再次採用的機會微乎其微。

**全方位專案管理的
五階升級修練**

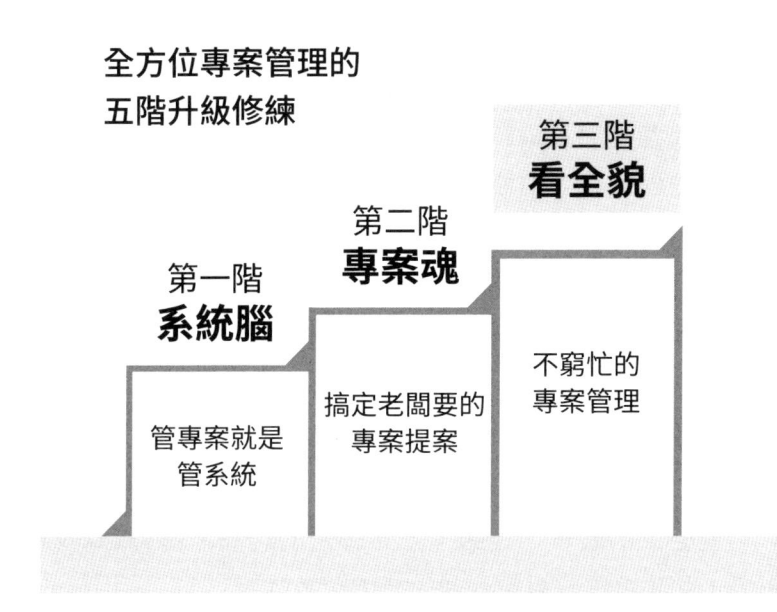

```
                          第三階
                          看全貌
              第二階
              專案魂
  第一階
  系統腦
                          不窮忙的
              搞定老闆要的  專案管理
  管專案就是    專案提案
  管系統
```

藉由長期在第一線接觸專案管理教學、診斷與導入的經驗，我歸納出專案管理陷入「窮忙」的主因有二：
1. 頻繁且具不確定性的客變
2. 忽略治標對策的後遺症或反效果

這一章先針對頻繁且具不確定性的客變，所造成的「窮忙」進行分析。

避免專案陷入「客變」迷宮

過去，企業邀請我進行專案管理的演講或工作坊時，都是由人資部門來與我洽談。但是近幾年，邀請我的人幾乎都換成了總經理或是公司協理，之所以會這麼慎重地由公司高層親自出馬，80% 的原因都是因為客戶委託的專案經常發生「客變」，並導致以下後果：

・驗收通過不易，造成半成品庫存激增
・因為變更而趕進度，所衍生的加班成本
・採購成本的大幅上升

上述結果均嚴重地侵蝕了公司經營的利潤，使得公司高層不得不開始重視起專案管理的效率和效益。

在專案管理上，「客變」稱為「範疇變更」。

由於少量、多樣性的產品或服務（客製化專案），在公司裡已漸漸成為常態，加上每間公司都不斷地強調「以客戶為中心」，所以專案被客戶「綁架」變更的情形，只會越來越普遍。然而，客製化專案的普遍，非常容易吸引「窮忙」上身，怎麼說呢？

很多人小時候都玩過自製「捲軸迷宮」的紙上遊戲吧！利用一張紙和一支筆，就可以畫出迷宮路徑藏寶圖，尋寶人用手指頭順著曲折的路線走，隨著紙軸的捲動，前方會面臨多條並行的分岔路，或是各式各樣阻礙前進的關卡。

通常為了讓遊戲過程更好玩，路線都會設計得非常複雜，讓尋寶人難以捉摸。而尋寶人只能憑著「直覺」進行，隨時有可能直達藏寶位置，或是有可能被迫返回起點，沒人能預知自己所選擇的路，接下來會走向何方。

如果專案就像是玩捲軸迷宮，那可就慘了！紙上遊戲也許能憑著「直覺」進行，但如果專案因著客變，只能依賴直覺處理，不僅容易瞎子摸象，更容易被「窮忙」附身，跟著客戶「未定的心」在迷宮裡繞圈圈。

但你也不要忘記了，專案產生目的就是要解決最重要的利害關係人的問題，「解決問題」才是專案的靈魂與利害關係人的期望。試想，當客戶委託專案給 A 公司，A 公司如期、如質、如預算、如範疇把專案交付標的（產品、服務、文件、訓練等）給客戶，可是交付標的卻無法解決客戶的問題。相反地，B 公司執行委託專案，雖然有些延遲交付，或多追加一點預算，但是交付標的卻能解決客戶所有的問題。試問，下一次專案，客戶會委託給 A 公司，還是 B 公司？

還有，因為外部環境越來越動態複雜，所以客戶在專案執行過程中會想要調整範疇，以利產品上市的競爭力。A 公司要求客戶要如範疇，完全跟著合約走，而 B 公司願意協助客戶更改範疇，讓產品更有競爭力。試問，下一次專案，客戶會給 A 公司，還是 B 公司？

這麼看來，「客製化專案」已是不可違的大勢所趨，但我們該怎麼做才能看清楚受到客變影響的「迷宮全貌」？

前一章說到，專案要交付給贊助者或客戶的成果，稱為「交付標的」。交付標的可能是產品、服務、文件、訓練的其中任一種或搭配組合，並且必須是有形的、可衡量的，且可驗證的。在「國際專案管理知識體系」（Project Management Body of Knowledge，PMBOK）中，釐清交付標的包含哪些工作，則是利用工作分解結構（Work Breakdown Structure，WBS）來定義。

看清迷宮的全貌：WBS 與 ITTO 圖

WBS 使用的是階層樹狀結構（Hierarchical Tree Structure）與 100% 原則（100% Rule）來定義「專案範疇」（Project Scope）。也就是將該專案的交付標的，拆解成可具體分配資源的工作包（Work Package）。

WBS 第一層為專案交付標的。WBS 第二層則為完成此交付標的之相關工作包。

接續第三章範例,以「量身訂做個人化售後服務教育訓練課程」專案來看,**WBS 第一層包含五個專案交付標的**,分別為:1. 課程規劃書(文件)、2. 師資尋找與聯絡(服務)、3. 學員報到與簽到(服務)、4. 課程協助志工培訓(訓練)、5. 測驗通過證書(產品)。

WBS 第二層則是為完成此交付標的的工作分項(工作包),將專案的交付標的和工作,細分成更小、更容易管理的組件,如圖 4-1 所示。

設計 WBS 兩大重點為:

1. 編號
2. 下層工作包累加要等於交付標的

專案的時程管理規劃、品質管理規劃、成本管理規劃等,皆以工作分解結構作為規劃設計的基礎。

由於 WBS 無法展現所有工作包是如何因果連動的,所以在發生客變時,我們不容易從 WBS 中知道哪些工作包會牽一髮而動全身,對其他工作產生干擾,導致我們在回應客變時,常常處在瞎子摸象的困境。

圖4-1 WBS工作分解結構

WBS兩大設計重點
一、編號
二、下層工作包累加要等於交付標的

量身訂做個人化教育訓練課程

- **1. 課程規劃書**
  - 1.1 課程需求訪談與流程設計
  - 1.2 課程需求實際訪談
  - 1.3 需求分析
  - 1.4 課程規劃
- **2. 師資尋找與聯絡**
  - 2.1 師資篩選
  - 2.2 師資聯絡與確認
- **3. 學員報到簽到**
  - 3.1 合適參加人選篩選
  - 3.2 學員報到

- WBS第一層為專案交付標的
- WBS第二層則為完成此交付標的的工作分項(工作包)

將專案主要之交付標的與專案工作,
細分成更小、更容易管理之組件(工作包)。

4. 課程協助志工培訓
- 4.1 志工選取
- 4.2 課程志工培訓

5. 測驗通過證書
- 5.1 課程實施
- 5.2 課程合格測驗
- 5.3 課程合格證書領取

所以接下來，我們要介紹另一個更好用的工具：ITTO 圖，它可以明確地展現所有工作包，相互之間投入／產出的因果關係，幫助專案經理找出源頭，對症下藥。

搞懂投入／產出的因果關係：ITTO 圖

ITTO 圖主要包含四大部分：

1. Input 投入
2. Tool 工具
3. Technique 技術
4. Output 產出

因此，在 ITTO 圖中我們會把工作包視為「處理單元」，運作概念為：

1. 投入項目（Input）
2. 經由處理單元內的工具（Tool）
3. 或是技術（Technique）
4. 處理成產出項目（Output）

圖4-2 咖哩飯的工作分解結構

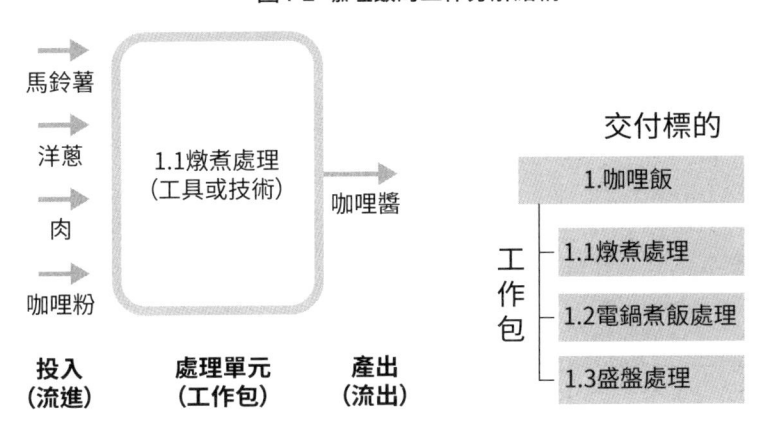

接下來,我們以「咖哩飯」作為交付標的,製作其工作分解結構,分解後會有三個處理單元(工作包),分別是:

1.1「燉煮」處理單元
1.2「電鍋煮飯」處理單元
1.3「盛盤」處理單元

我以1.1「燉煮」處理單元,示範說明ITTO圖的邏輯:在1.1「燉煮」處理單元內,「投入」馬鈴薯、洋蔥、肉、咖哩粉等食材,經由單元內的燉煮「工具」和燉煮「技術」進行處理,「產出」了咖哩醬,如圖4-2所示。

圖4-3 流量符號替代箭頭符號

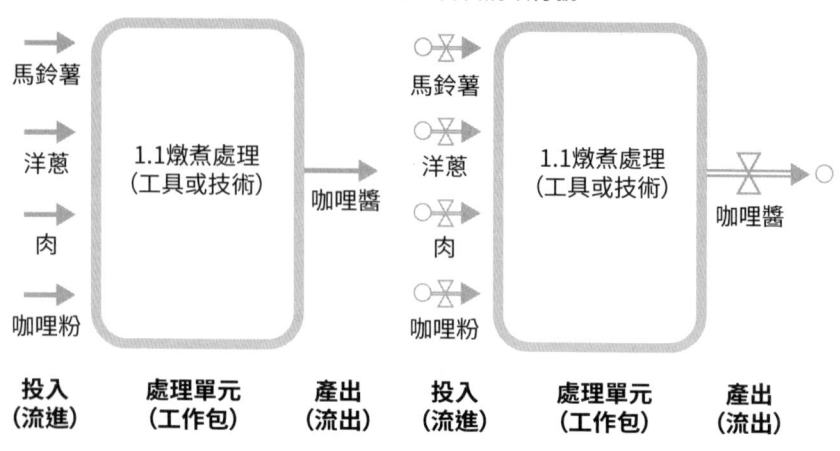

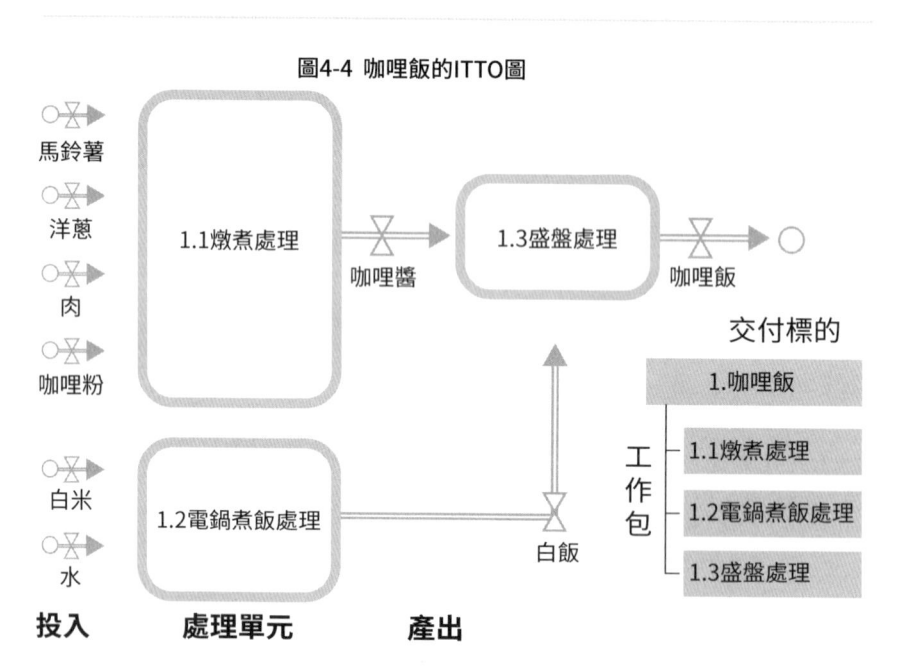

圖4-4 咖哩飯的ITTO圖

由於「投入」與「產出」，具有流進／流出處理單元的「流量」特性，若是只用箭頭符號（→）難以表達「流量」的概念，所以引入系統動態學（System Dynamics）裡的流量符號（○✕▶）來替代箭頭符號，如圖 4-3 所示。

　　系統動態學是由美國麻省理工史隆管理學院的 J.W. Forrester 教授所發展的一門科學，結合了控制、系統論、資訊理論、決策論、電腦模擬等理論成為一體的管理新方法、新工具和新概念。系統思考可以視為系統動態學在解決動態複雜問題時的理解基礎，系統動態學則是把解題的系統思考圖轉化為具體的數學模型，並進行電腦模擬來協助決策的制定。由於專案的本質是系統，管專案就是管系統，而且系統動態學與系統思考的關係密切，此為我們引入系統動態學的原因。讀者若對學習系統動態學有興趣，請參考相關書籍，本書只是借用其流量符號來重新演繹 ITTO 圖。

　　咖哩醬產出之後，接著在 1.2「電鍋煮飯」處理單元內，「投入」白米、水，經由單元內的煮飯「工具」和「技術」進行處理，「產出」白飯。最後，在 1.3「盛盤」處理單元內，「投入」咖哩醬、白飯，經由單元內的盛盤「工具」和「技術」進行處理，「產出」交付標的——咖哩飯，如圖 4-4 所示。

　　從咖哩飯的 ITTO 圖中，可以具體呈現各個處理單元（工作包），投入／產出相互之間因果關係的全貌。

圖4-5 追蹤盛盤工具或是盛盤技術的ITTO圖

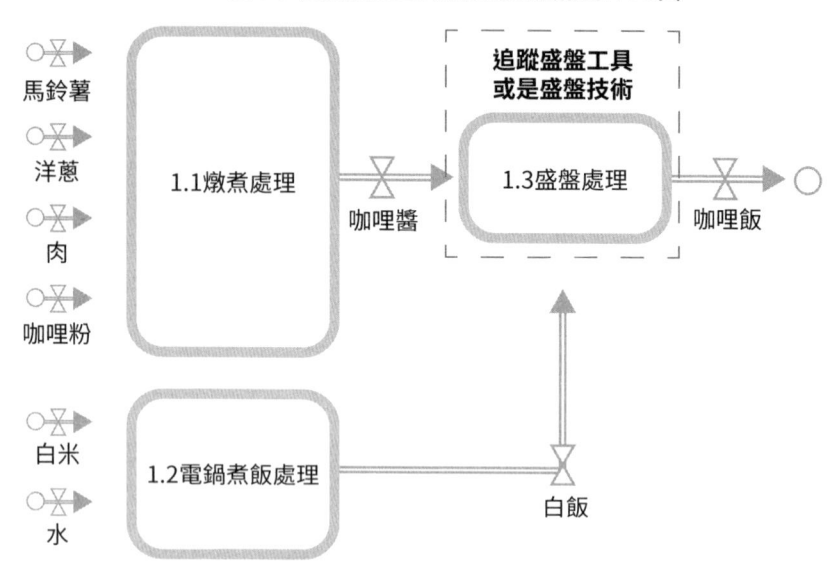

圖4-6 追蹤「1.3盛盤處理」的投入之ITTO圖

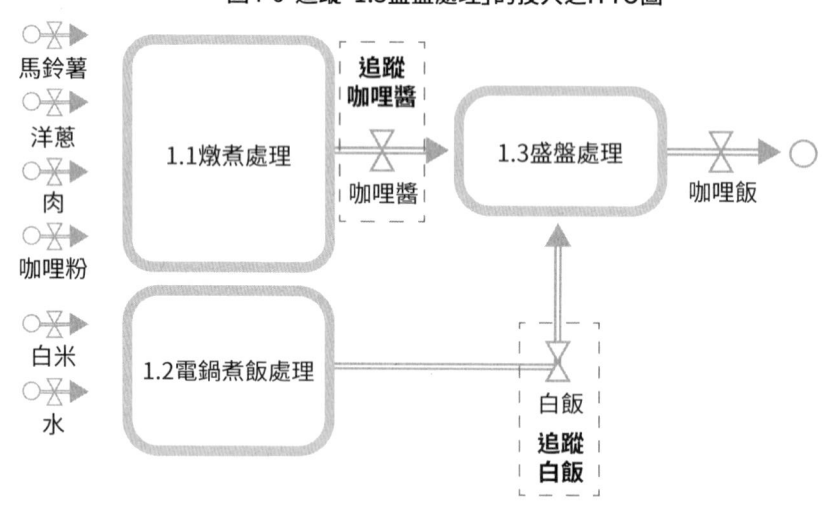

圖4-7 追蹤「1.2電鍋煮飯處理」的電鍋(工具) 之ITTO圖

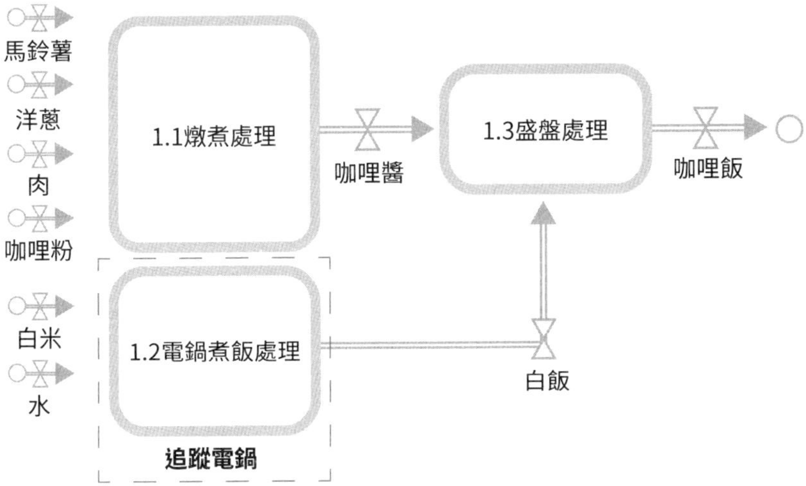

當交付標的出現問題時，運用 ITTO 圖可以很迅速地找出根本原因。例如：餐廳的咖哩飯出現負評，透過 ITTO 圖看到咖哩飯是 1.3「盛盤」處理單元的產出，所以可以先追蹤是不是 1.3 裡的盛盤「工具」或盛盤「技術」出了問題？如圖 4-5 所示。

如果並非 1.3「盛盤」處理單元的問題，接著可繼續追蹤 1.3「盛盤」處理單元的投入：咖哩醬、白飯，如圖 4-6 所示。

由於咖哩醬嚐起來很正常，因此就停止追蹤 1.1「燉煮」處理單元。然而，白飯吃起來口感不佳，所以繼續追蹤 1.2「電鍋煮飯」處理單元內的電鍋（工具），是不是出了問題？如圖 4-7 所示。

圖4-8 追蹤「1.2電鍋煮飯處理」的投入之ITTO圖

圖4-9 ITTO圖轉換成甘特圖的五個步驟

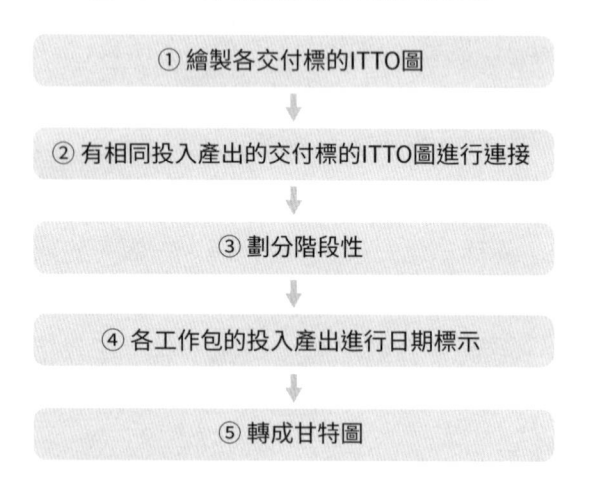

① 繪製各交付標的ITTO圖

② 有相同投入產出的交付標的ITTO圖進行連接

③ 劃分階段性

④ 各工作包的投入產出進行日期標示

⑤ 轉成甘特圖

由於電鍋在檢查之後沒有發現任何問題，接著就繼續追蹤 1.2「電鍋煮飯」處理單元內的投入：白米、水，如圖 4-8 所示。最後，發現白飯口感不佳的原因就是水加太多，所以煮飯時少加點水，負評的問題就此消失。

將「ITTO 圖」轉換「甘特圖」

接下來，我們採用第三章「量身訂做個人化售後服務教育訓練課程」專案為例，藉由五步驟把 ITTO 圖，轉換成大家熟知的甘特圖。這樣不僅可以幫助專案經理掌握專案的工作流程與執行進度，也能知道工作包相互之間的「因果關係」，如圖 4-9 所示。

甘特圖（Gantt Chart），也稱為條狀圖（Bar Chart），其設計原則很簡單，基本上就是一個個長條的排列組合，圖形橫軸表示「時間」，縱軸表示「工作包」或「活動」。

其中，每一項長條，就代表一個工作包，長條的起點與終點就是工作包開始與結束的時間，主要呈現的就是工作包的「流程」與「進度」資訊，以確保專案能如期完成。

但是如果發生無法如期、如質、如預算的問題時，甘特圖無法顯示工作包之間的「因果關係」，所以我們很難從中找到問題發生的根本原因。

在這種情況下，將 ITTO 圖轉換甘特圖，對於專案經理來說，就是一個很好的工具。轉換可分為五步驟：

步驟 1 繪製各交付標的 ITTO 圖

以「量身訂做個人化售後服務教育訓練課程」專案為例，五個交付標的分別是：
1. 課程規劃書（文件）
2. 師資尋找與聯絡（服務）
3. 學員報到與簽到（服務）
4. 課程協助志工培訓（訓練）
5. 測驗通過證書（產品）

各自繪製交付標的的 ITTO 圖，如圖 4-10 到 4-14 所示。

圖4-10 課程規劃書(文件)的ITTO圖

1. 課程規劃書(文件)

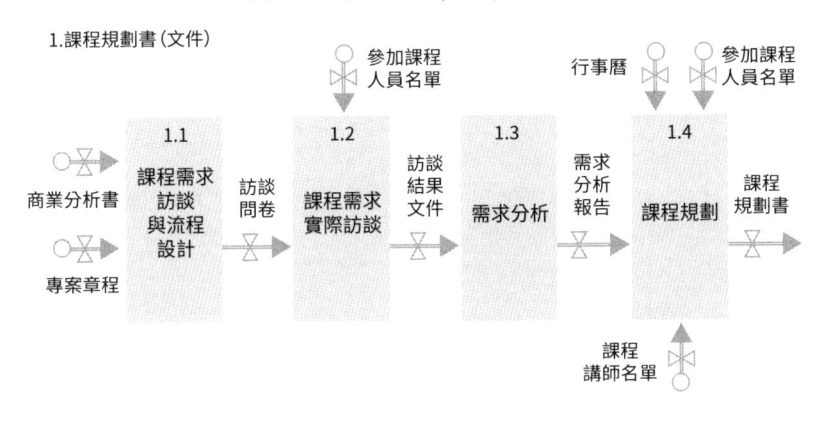

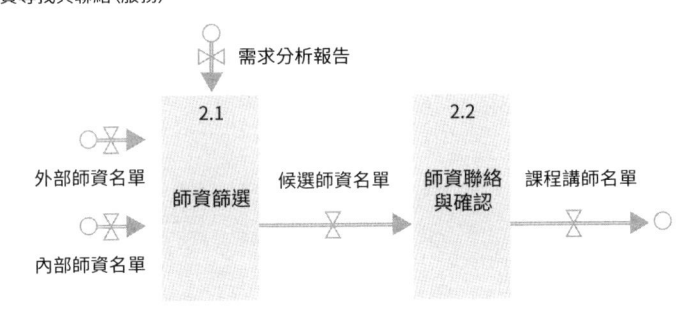

圖4-11 師資尋找與聯絡(服務)的ITTO圖

2. 師資尋找與聯絡(服務)

圖4-12 學員報到與簽到(服務)的ITTO圖

3. 學員報到與簽到(服務)

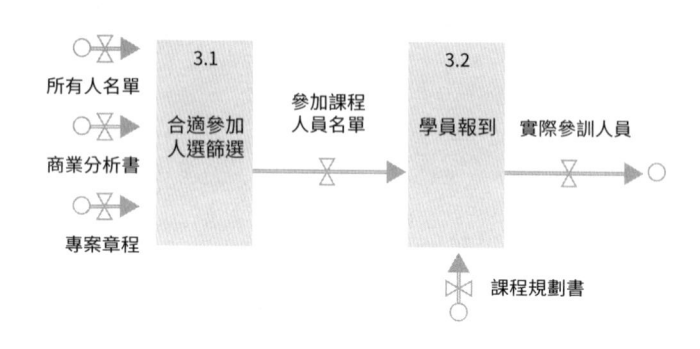

```
所有人名單 ─┐
商業分析書 ─┼─→ [3.1 合適參加人選篩選] ──參加課程人員名單──→ [3.2 學員報到] ──實際參訓人員──→ ○
專案章程 ─┘                                                              ↑
                                                                    課程規劃書
```

圖4-13 課程協助志工培訓(訓練)的ITTO圖

4. 課程協助志工培訓(訓練)

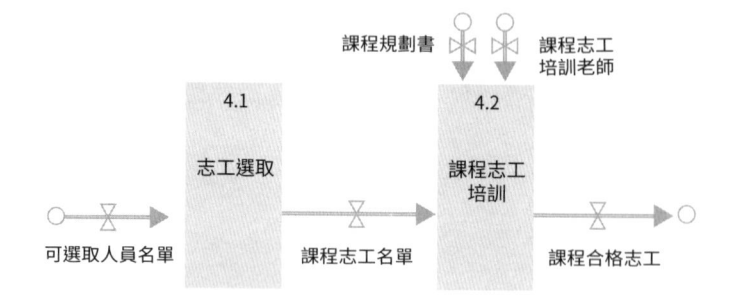

```
                              課程規劃書  課程志工培訓老師
                                    ↓        ↓
○──可選取人員名單──→ [4.1 志工選取] ──課程志工名單──→ [4.2 課程志工培訓] ──課程合格志工──→ ○
```

120　一頁紙做兩倍事,高效專案工作法

圖4-14 測驗通過證書(產品)的ITTO圖

5.測驗通過證書(產品)

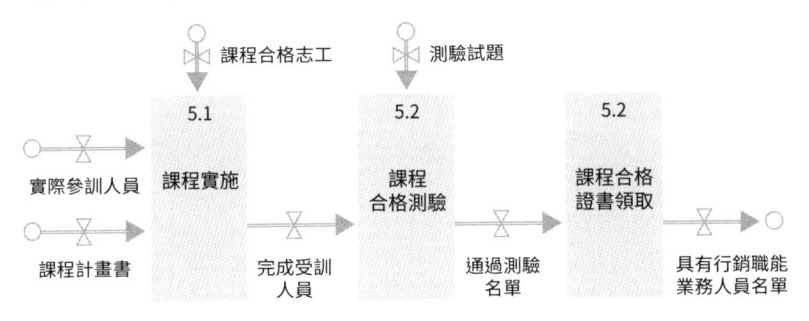

課程合格志工　　測驗試題

實際參訓人員　　5.1 課程實施　→　5.2 課程合格測驗　→　5.2 課程合格證書領取

課程計畫書　　完成受訓人員　　通過測驗名單　　具有行銷職能業務人員名單

步驟 2　連接相同投入／產出的交付標的 ITTO 圖

從步驟 1 的五張不同交付標的 ITTO 圖中，找出那些工作包具有相同的投入／產出，然後將相同的投入／產出進行連接，如圖 4-15 的虛框所示。

圖4-15 相同的投入產出進行連接(虛框)

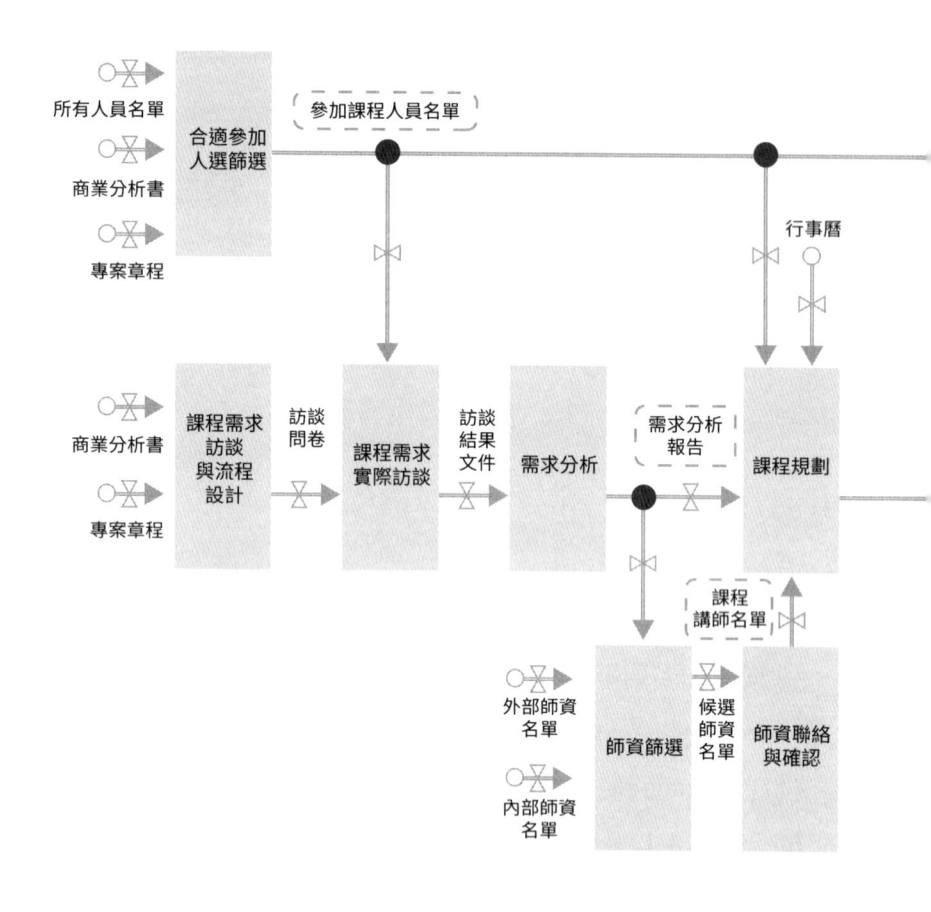

② 有相同投入產出的交付標的ITTO圖進行連接

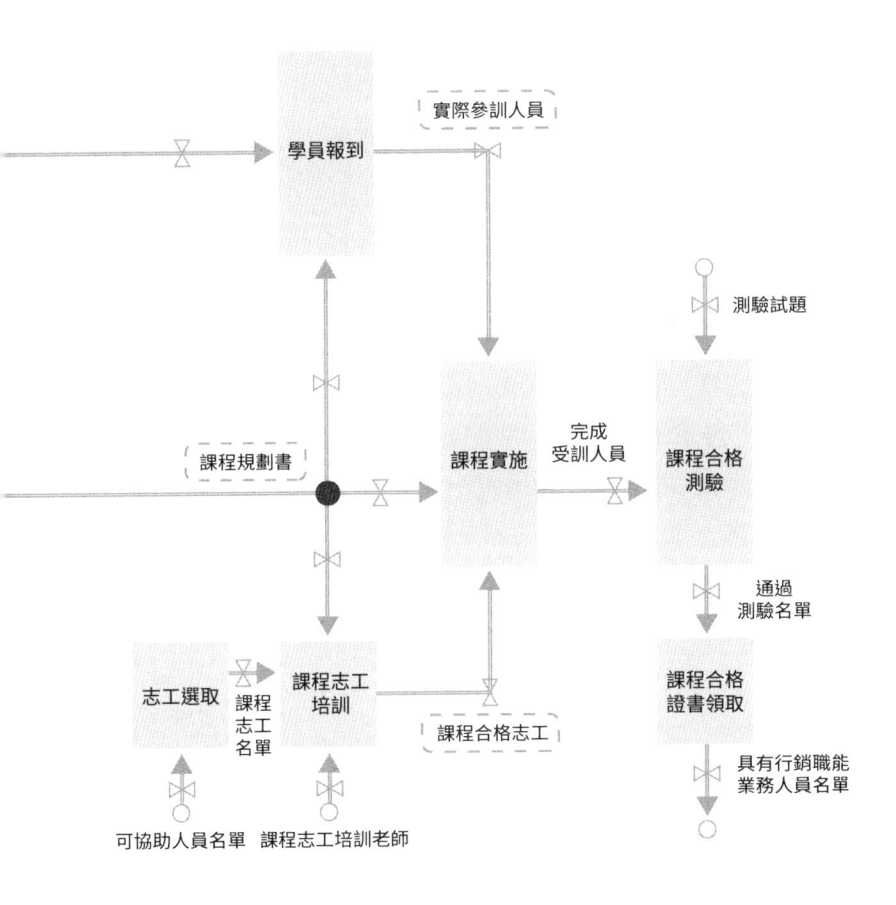

- 學員報到
- 實際參訓人員
- 課程規劃書
- 課程實施
- 完成受訓人員
- 課程合格測驗
- 測驗試題
- 通過測驗名單
- 課程合格證書領取
- 具有行銷職能業務人員名單
- 志工選取
- 課程志工名單
- 課程志工培訓
- 課程合格志工
- 可協助人員名單
- 課程志工培訓老師

步驟 3　劃分階段性

將各交付標的 ITTO 整合圖,接著依照「時間發展順序」與「工作邏輯屬性」,進行階段性的劃分。

本案例區分成四個階段,如圖 4-16 所示:
1. 需求調查階段
2. 課程準備階段
3. 課程實施階段
4. 驗收階段

接著,估算各階段所需花費期程與開始結束日期。

例如,「需求調查階段」要花兩週時間,從 5/22 開始到 6/6 結束。此外在專案管理的過程中,難免會發生無法預料的風險,影響專案進度。為了因應風險,建議在階段與階段之間預留合適的進度緩衝時間,就像本案例在各階段之間就都預留了一天。

步驟 4　各工作包的投入／產出進行日期標示

步驟 3 確認了各階段的執行時間,接著便能推算各階段內所屬工作包的產出日期與投入日期,如圖 4-17 所示。

各工作包的產出與投入日期,需要考量實際執行時的可利用資源,專案管理領域的資源指的是**人力**、**設備**與**場所**。例如,在「5.3 課程合格證書領取」工作包內,由於它是專案最後一個執行的工作包,且專案的結訓日期為 8/9,因此它要產出的「具有行銷職能的業務人員名單」,產出日期必須是 8/9。接著,參考 8/9 前實際能協助的人力與可使用的場所,估算出此工作包需要 5 天才能處理完成,得出「通過測驗名單」的投入日期為 8/4。

另一方面,大家還記得小時候在放暑假前,是如何規劃暑假作業的執行方式嗎?一天寫三小時、一週寫四天——這感覺像是給機器人用的排程,而不是給人用的。同樣地,在估算工作包的處理時間時,專案經理也要避免把人當作機器人來設計。

試想,一個失去人性的 ITTO 圖,能管好以「人」為本的專案嗎?所以在估算時,專案經理除了要確認有效的可利用資源,也要**讓專案團隊成員充分參與,共同研討與擬定**。

圖4-16整合圖進行階段性的劃分

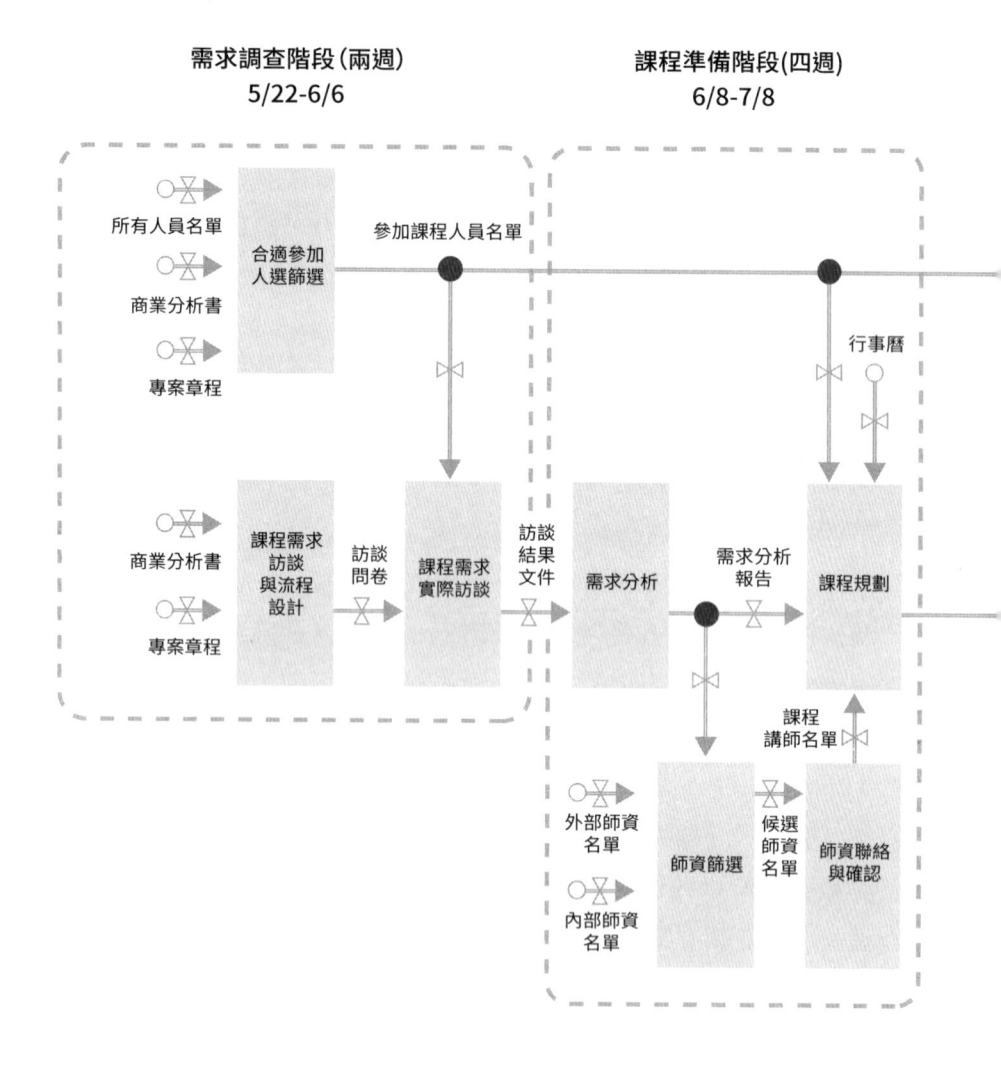

需求調查階段(兩週)
5/22-6/6

課程準備階段(四週)
6/8-7/8

所有人員名單
商業分析書
專案章程
合適參加人選篩選
參加課程人員名單

行事曆

商業分析書
專案章程
課程需求訪談與流程設計
訪談問卷
課程需求實際訪談
訪談結果文件
需求分析
需求分析報告
課程規劃

課程講師名單

外部師資名單
內部師資名單
師資篩選
候選師資名單
師資聯絡與確認

126　一頁紙做兩倍事，高效專案工作法

③ 劃分階段

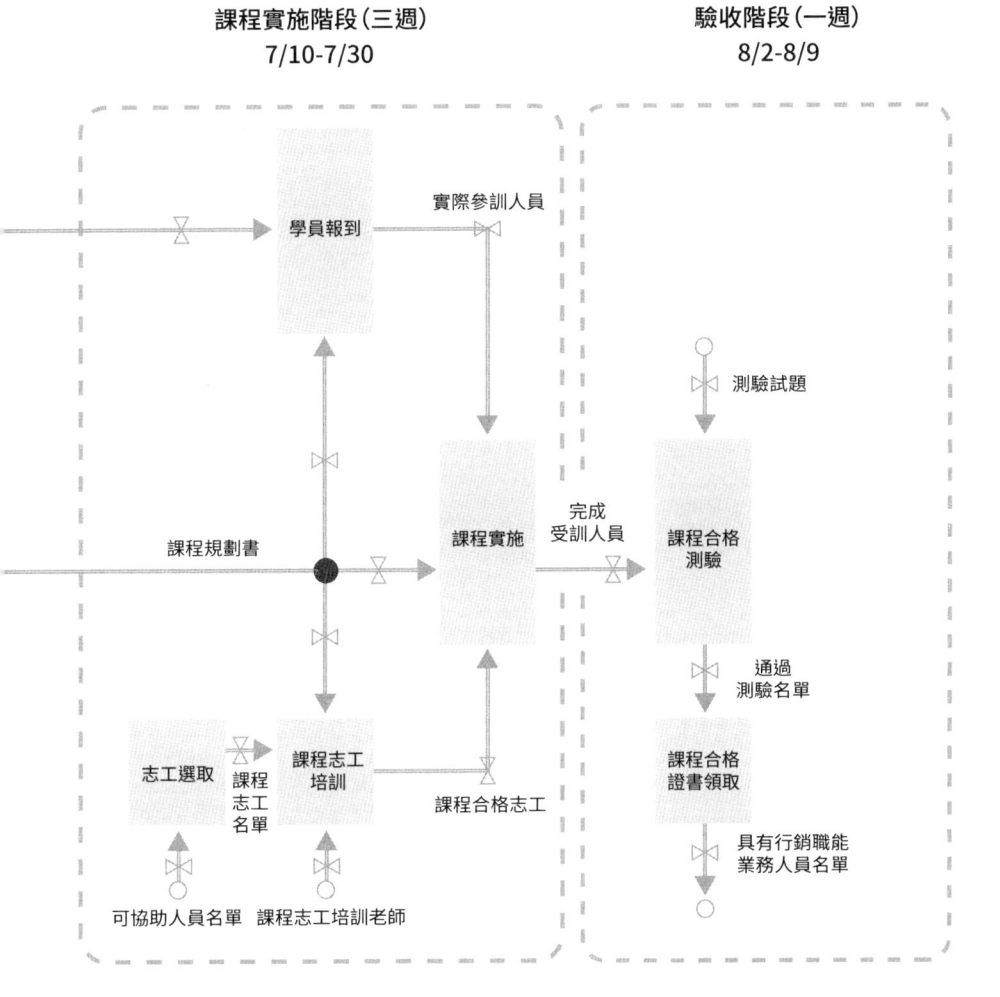

課程實施階段（三週）
7/10-7/30

驗收階段（一週）
8/2-8/9

實際參訓人員

學員報到

測驗試題

課程規劃書

課程實施

完成受訓人員

課程合格測驗

通過測驗名單

志工選取

課程志工名單

課程志工培訓

課程合格志工

課程合格證書領取

具有行銷職能業務人員名單

可協助人員名單　課程志工培訓老師

圖4-17 各工作包的投入產出進行日期標示

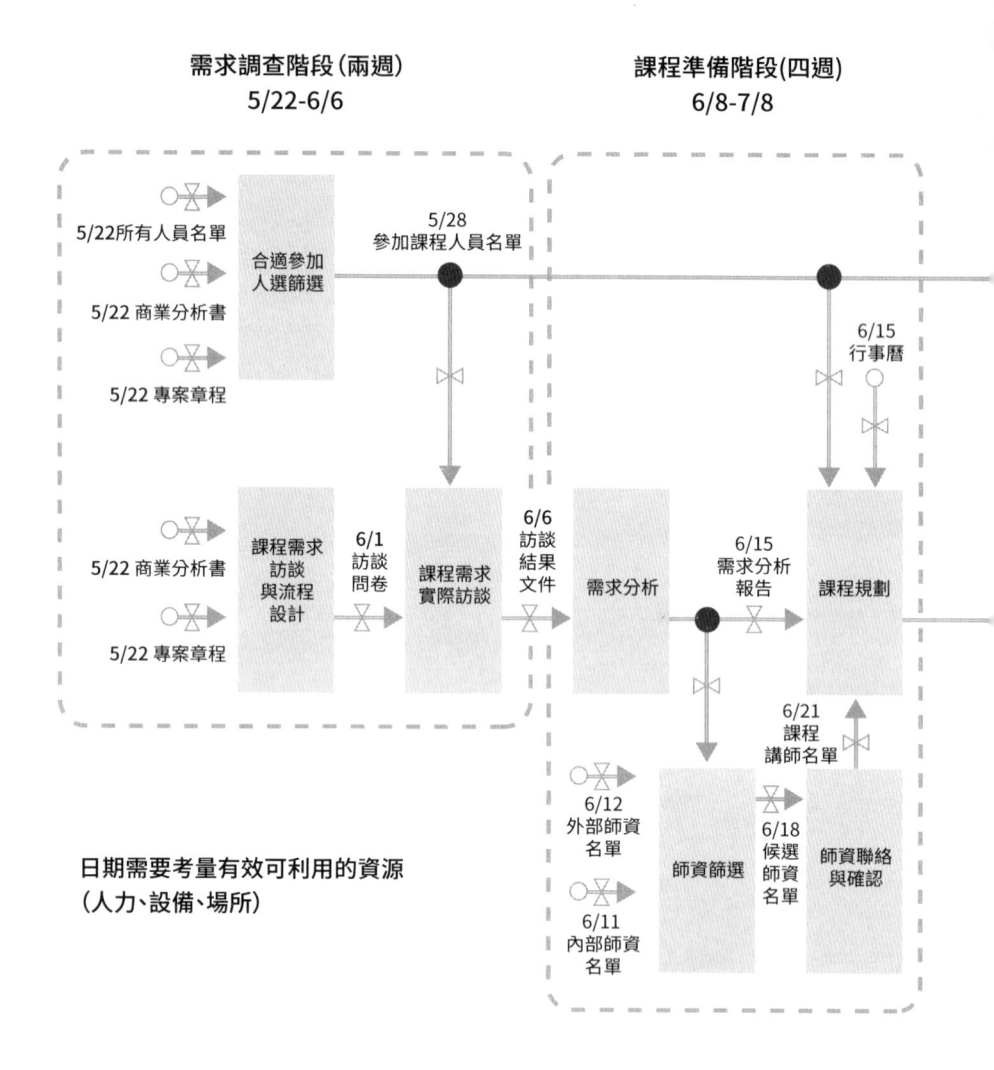

需求調查階段(兩週)
5/22-6/6

課程準備階段(四週)
6/8-7/8

5/22 所有人員名單
5/22 商業分析書
5/22 專案章程

合適參加人選篩選

5/28 參加課程人員名單

6/15 行事曆

5/22 商業分析書
5/22 專案章程

課程需求訪談與流程設計

6/1 訪談問卷

課程需求實際訪談

6/6 訪談結果文件

需求分析

6/15 需求分析報告

課程規劃

6/21 課程講師名單

6/12 外部師資名單
6/11 內部師資名單

師資篩選

6/18 候選師資名單

師資聯絡與確認

日期需要考量有效可利用的資源
(人力、設備、場所)

④ 各工作包的投入產出進行日期標示

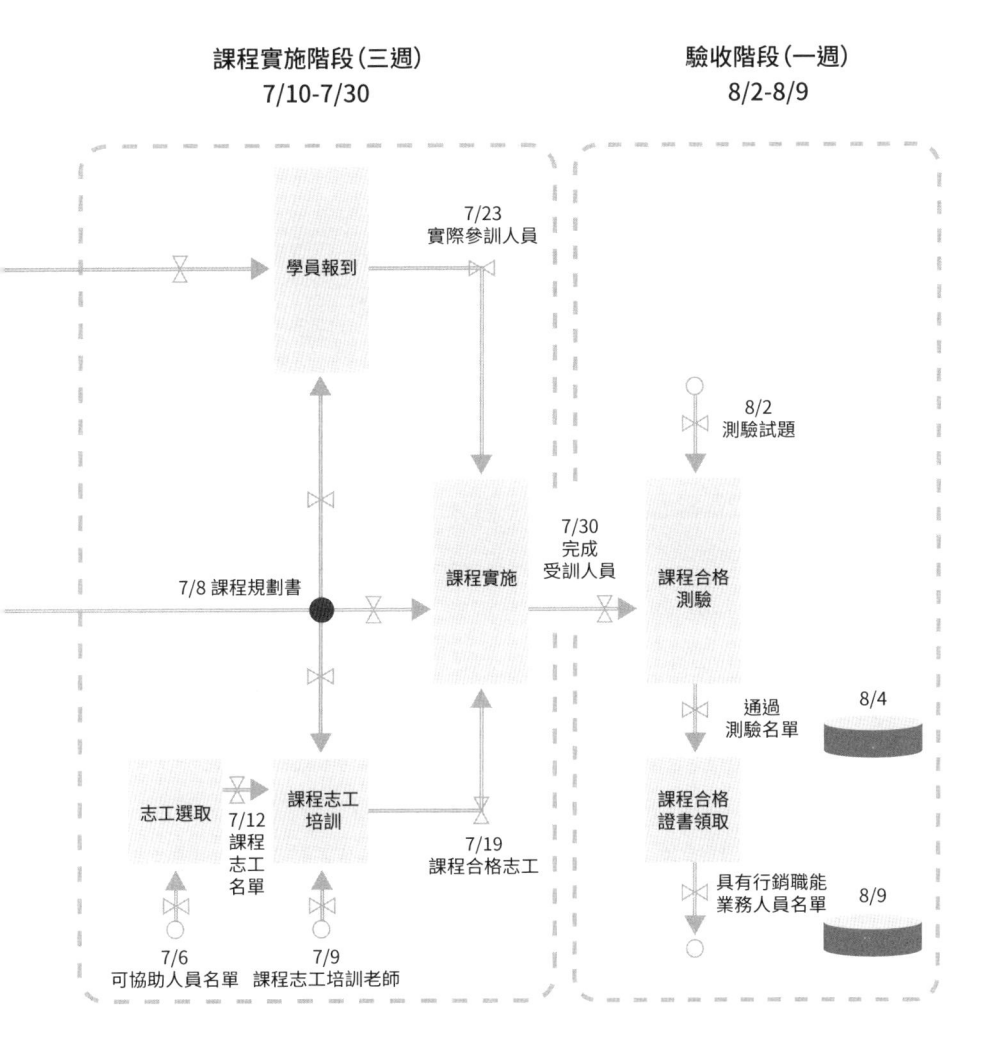

課程實施階段（三週）
7/10-7/30

驗收階段（一週）
8/2-8/9

7/23 實際參訓人員

學員報到

8/2 測驗試題

7/8 課程規劃書

課程實施

7/30 完成受訓人員

課程合格測驗

通過測驗名單 8/4

志工選取

課程志工培訓

7/12 課程志工名單

7/19 課程合格志工

課程合格證書領取

具有行銷職能業務人員名單 8/9

7/6 可協助人員名單　7/9 課程志工培訓老師

Chapter 4　不窮忙的專案管理—學會看全貌　129

步驟 5　轉成甘特圖

步驟 4 推算出所有工作包的處理期程與投入產出日期，接著便能運用這些資訊來繪製甘特圖，如圖 4-18 所示。

ITTO 圖實際導入經驗分享

我曾利用 ITTO 圖轉換成甘特圖的方法，協助由幾位不同科系大學生組成的 AI 聊天機器人開發團隊。

這個團隊原本是依據成員的專長屬性，分成市場小組與開發小組，由於兩組之間對於問題解決的思考模式與專業領域極不相同，導致每一次專案團隊會議都長達 2 小時之久，而且彼此之間還會常常發生「瞎子摸象」的溝通方式與反覆重作的現象。

所以，當這個團隊的指導教授找上我，希望我能協助團隊消除專案「窮忙」的情形，我立即就把「ITTO 圖轉換成甘特圖」的這個方法教給他們了。

大部分的人做專案都會列工作項目，並且普遍認為完成所有的工作項目就等於完成了專案。然而專案的真正目的，其實是要藉由專案所完成的交付標的(產品、服務、文件、訓練)來「解決問題」或者「使命必達」。所以確認專案真正需要哪些交付標的，是我協助團隊的首要工作。因此我先帶領

團隊一起討論釐清這個專案實際要產出甚麼產品、服務、文件或訓練。接著製作 WBS（工作分解結構），就是將專案各個交付標的拆解成可具體分配資源的工作包。產出 WBS 之後，接下來就能開始繪製 ITTO 圖，此圖能展現所有工作包相互間的投入產出因果關係。由於大家平時畫慣了具有先後順序特性的流程圖，所以遇到要畫具有因果關係特性的投入產出圖，就不太容易掌握要領。此時可以讓他們多用生活中熟悉的事物（例如：咖哩飯的製作、社團活動的舉辦、班級旅遊的籌畫等）來練習，逐步精進繪製 ITTO 圖的能力。

由於 ITTO 圖能看見專案工作因果連動的全貌，而甘特圖可以呈現工作包的流程與進度資訊，他們開會的時間也從原先的 2 小時，大幅縮短為 20 分鐘，溝通不良與反覆重作情形均大幅改善。

我想無論是公司主管或是大學指導教授，當專案發生問題時，都會非常願意協助專案團隊來克服。但是很多時候，卻面臨到團隊無法把問題的嚴重性、影響範圍或關鍵根本原因說明清楚，讓他們陷入英雄無用武之地。如果有了 ITTO 圖，便很容易觀察與分析問題對於整體專案管理的連動影響並迅速找出發生的源頭，進而有效預防或產生配套因應。

圖4-18「量身訂做個人化售後服務教育訓練課程」專案的甘特圖

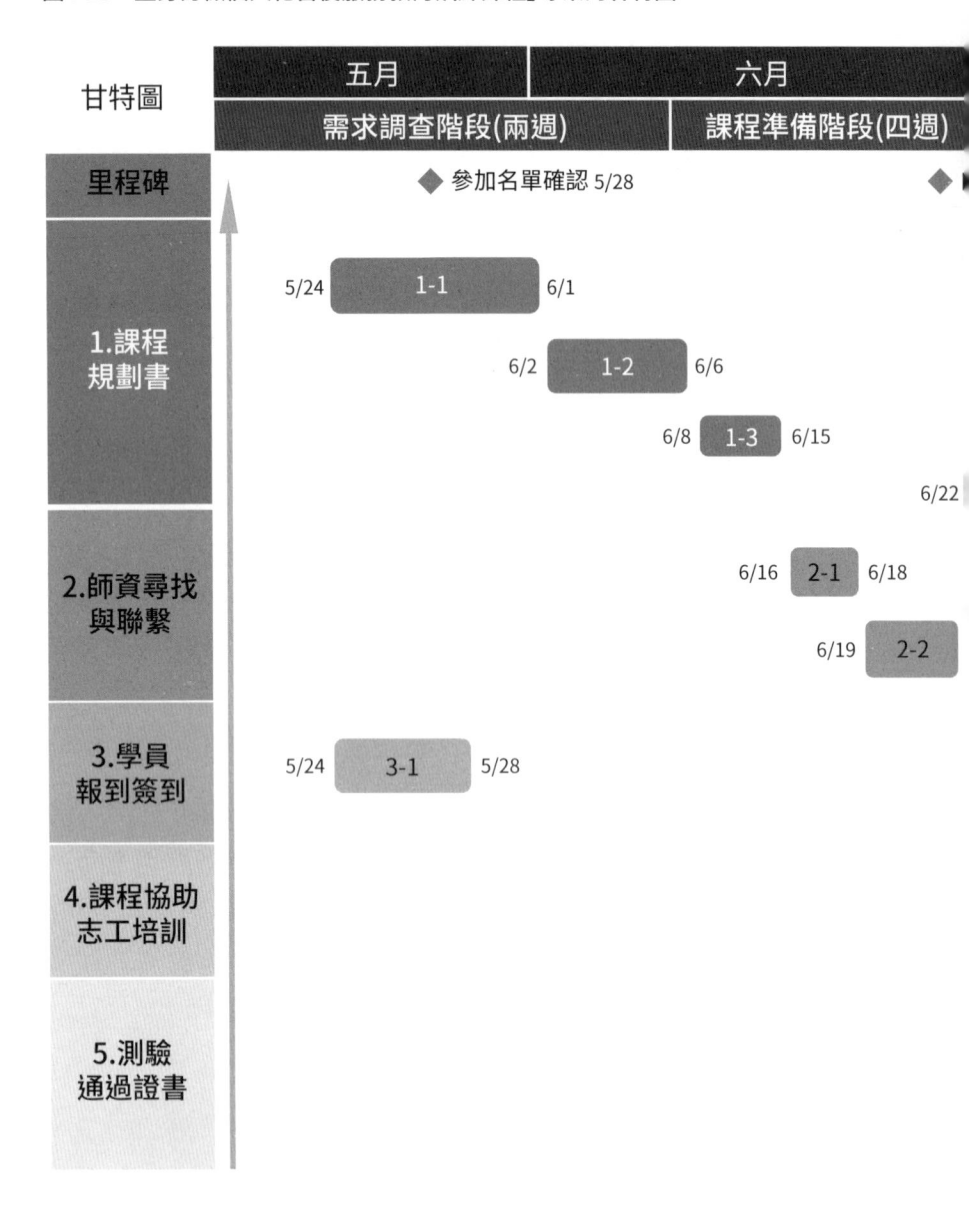

甘特圖	五月	六月
	需求調查階段(兩週)	課程準備階段(四週)
里程碑	◆ 參加名單確認 5/28	◆
1.課程規劃書	5/24 [1-1] 6/1	6/2 [1-2] 6/6 6/8 [1-3] 6/15 6/22
2.師資尋找與聯繫		6/16 [2-1] 6/18 6/19 [2-2]
3.學員報到簽到	5/24 [3-1] 5/28	
4.課程協助志工培訓		
5.測驗通過證書		

132　一頁紙做兩倍事，高效專案工作法

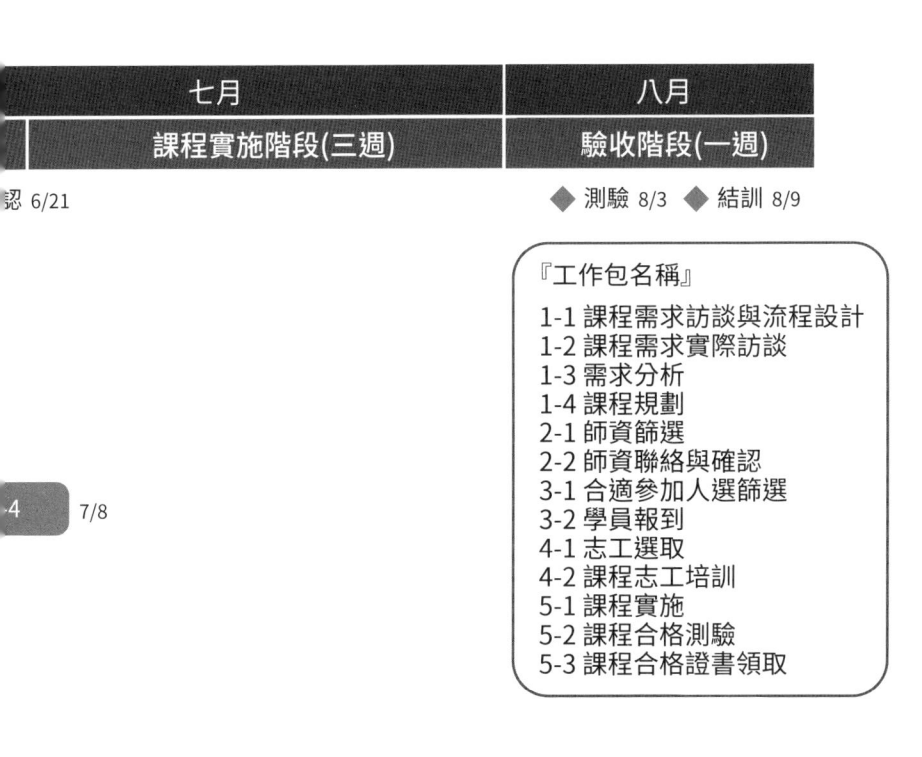

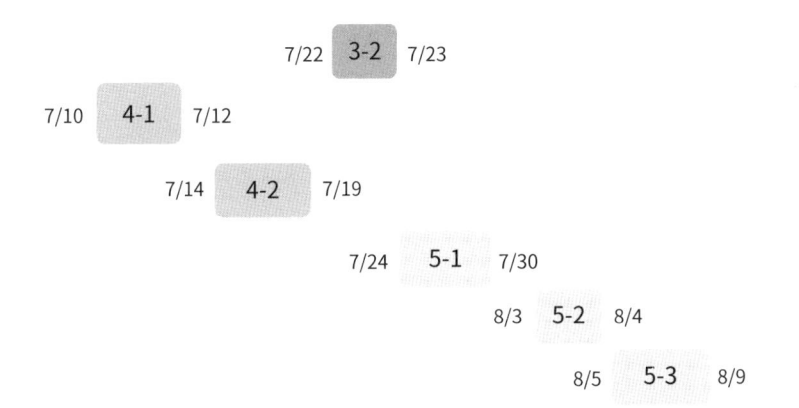

七月	八月
課程實施階段(三週)	驗收階段(一週)

認 6/21　　　　　　　　　　◆ 測驗 8/3　◆ 結訓 8/9

『工作包名稱』
1-1 課程需求訪談與流程設計
1-2 課程需求實際訪談
1-3 需求分析
1-4 課程規劃
2-1 師資篩選
2-2 師資聯絡與確認
3-1 合適參加人選篩選
3-2 學員報到
4-1 志工選取
4-2 課程志工培訓
5-1 課程實施
5-2 課程合格測驗
5-3 課程合格證書領取

-4　7/8

7/22　3-2　7/23

7/10　4-1　7/12

7/14　4-2　7/19

7/24　5-1　7/30

8/3　5-2　8/4

8/5　5-3　8/9

Chapter 4　不窮忙的專案管理─學會看全貌　133

※ 全方位 PM 實戰練習 ※

練習一

　　請參考本章交付標的咖哩飯的 ITTO 圖,來繪製你曾經執行過的專案 ITTO 圖。請注意,這次練習中交付標的為「產品」(如 APP、資訊系統、硬體、機器設備等)。

練習二

　　請參考本章「ITTO 圖轉換成甘特圖」的方法,運用書中提供的空白甘特圖,繪製出你曾經執行過的專案甘特圖。請注意,根據實際專案的交付標的,合理規劃各工作項目的階段與日期,並標示出關鍵里程碑。

練習一

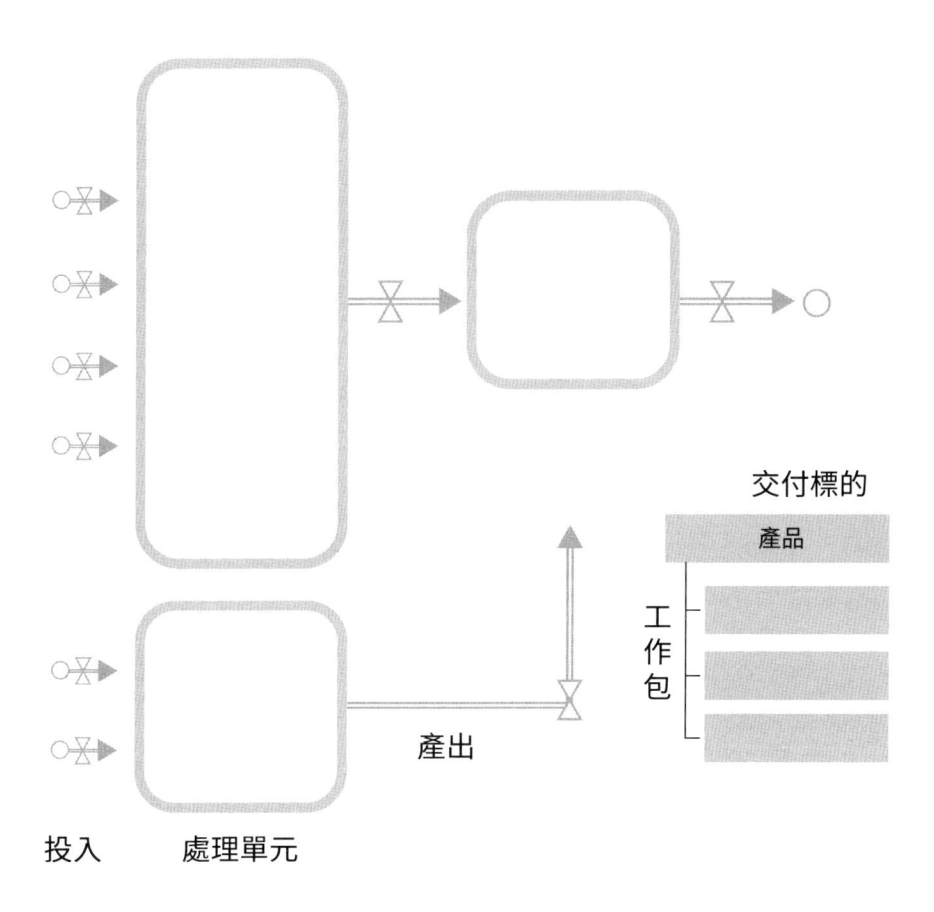

投入　　處理單元　　　　　　　產出

交付標的
產品
工作包

練習二

甘特圖	需求調查階段	準備階段
里程碑		
1.		
2.		
3.		
4.		
5.		

時間	實施階段	驗收階段

工作包名稱:

Chapter 5

避免治標而不治本
——活用覓食術

除了頻繁、且具不確定性的客變會造成的專案「窮忙」以外，另一個讓「窮忙」上身的主要原因就是忽略治標對策的後遺症或反效果。

加班、趕工、重作，這些都是企業內專案管理產生問題時，經常會用到的因應對策。但為何用了這些對策，結果不僅沒達標，還常常把自己和團隊弄得遍體鱗傷？

因為這類對策類似「速效解」，是屬於「治標」的解決方案，也因為沒有從根本解決起，所以很容易出現後遺症或反效果。例如，以抽取地下水來解決缺水問題，雖然馬上就能讓當地民眾有水喝，但長期使用這個治標對策的後遺症，就會造成地層下陷。

大家想想，地層下陷對於當地居民而言，會不會是比缺水還要嚴重百倍？缺水頂多就是一陣子喝水不方便，但是房子下陷就要立即面臨無法居住的困境。所以抽取地下水來解決缺水問題，很明顯地就是一個飲鴆止渴的治標對策。

怎麼做才能預防治標對策會造成的後遺症或反效果呢？我們可以利用系統思考的「八爪章魚覓食術」，看清楚一個對策將會造成什麼樣的結果及其全貌。

全方位專案管理的五階升級修練

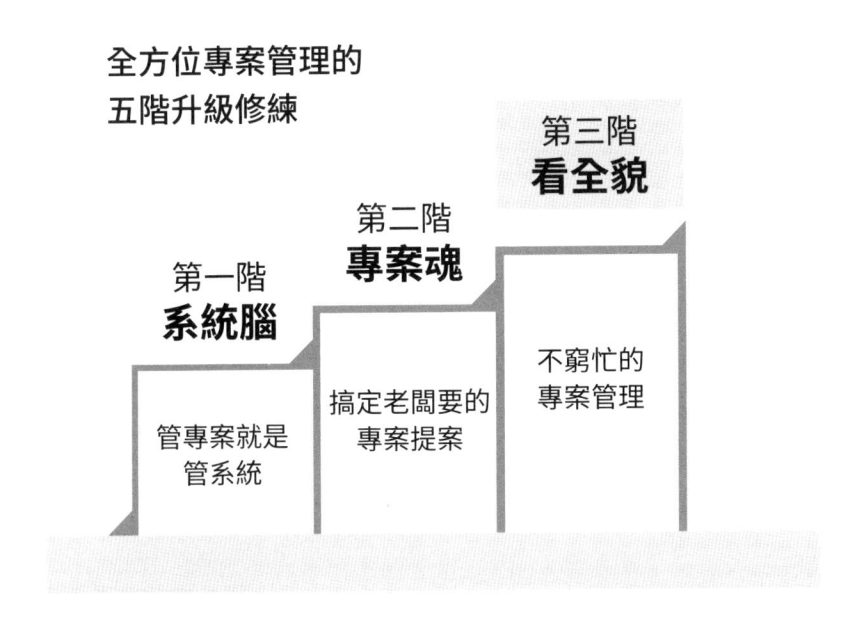

第一階 **系統腦**：管專案就是管系統

第二階 **專案魂**：搞定老闆要的專案提案

第三階 **看全貌**：不窮忙的專案管理

八爪章魚覓食術

缺工已成為現今服務業的常態，所以商店往無人化發展應該是理所當然的趨勢。可是我們仔細觀察周遭的商店，好像並不容易找到無人商店，這是為什麼呢？對此，目前大多數服務業在發展無人商店後，都面臨以下困境：

「採用商店無人化對策一段時間後，為何利潤沒成長，甚至還衰退？」

以下我們就讓大家快速掌握八爪章魚覓食術的三步驟。

步驟 1　繪製章魚頭

還記得嗎？問題的定義，是由「目標」、「現況」與「差距」所組成。當商店的「目標利潤」與「現況利潤」之間產生「差距」，就代表發生了「不賺錢的問題」。通常差距越大，問題的嚴重程度也越高。

這時我們便會採取相應的「對策」，希望藉著對策的效果，來改變「現況」，以期縮小與「目標」的差距來解決不賺錢的問題。為了以直覺式思考表達上述的邏輯概念，我們設計了類似章魚頭的圖形，由「目標」、「現況」、「差距」、「措施或對策」、「產出或效果」這 5 個名詞組成，如圖 5-1 所示。

章魚頭的繪製需要遵循以下 4 個規則：

規則 1　將箭頭的連接線視為「影響」（圖 5-1）

箭頭兩側表示兩個名詞之間的因果互動關係，例如，效果→現況，代表效果（因）會影響現況（果）。

通常，影響方式會有四種：

效果越好，則現況越好；效果越好，則現況越差；

效果越差，則現況越好；效果越差，則現況越差。

圖5-1 章魚頭繪製的規則一
帶有箭頭的連接線稱為「影響」

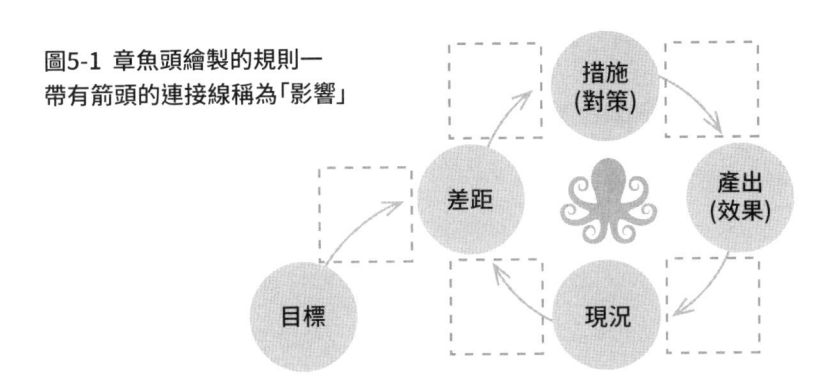

規則 2　每一區塊只能放入一個「名詞」（圖 5-2）

圖5-2 章魚頭繪製的規則二
每一區塊只能放入一個「名詞」

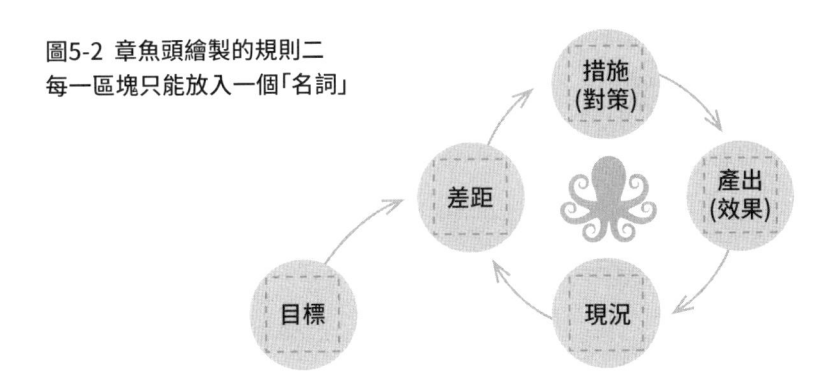

規則 3 「現況」會隨時間累積而增加／減少（圖 5-3）

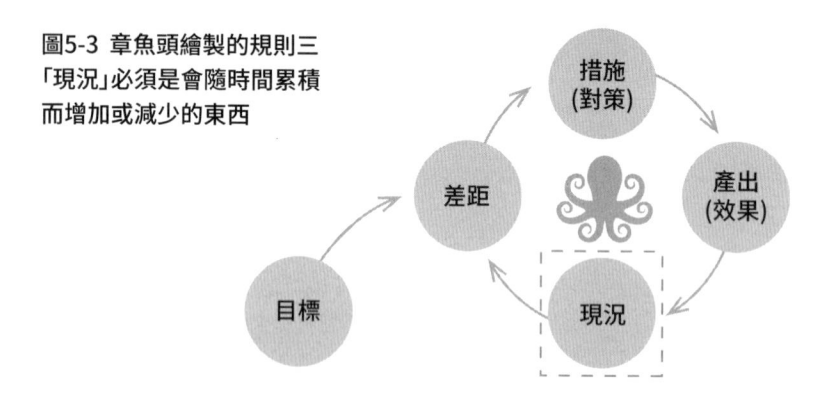

圖5-3 章魚頭繪製的規則三
「現況」必須是會隨時間累積
而增加或減少的東西

規則 4 「現況」與「目標」必須用同一種單位來衡量，以利具體反映「差距」（圖 5-4）

圖5-4 章魚頭繪製的規則四
「目標」必須能與現況用
同一種單位加以衡量，以利具體反映差距

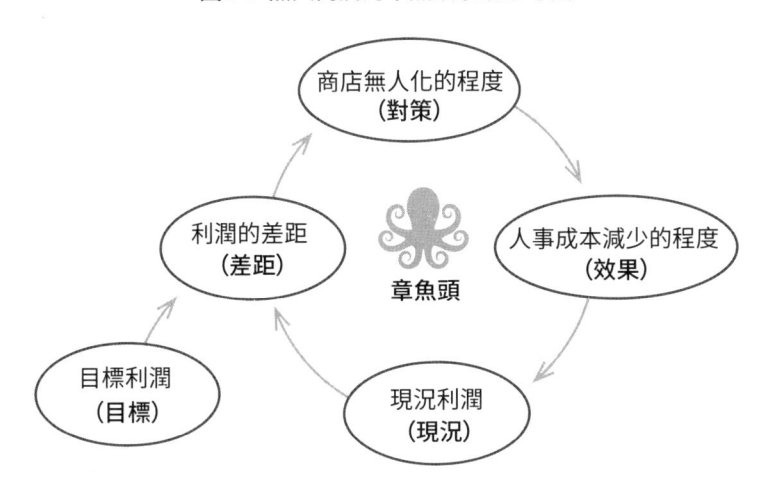

圖5-5 無人商店的章魚頭系統思考圖

```
         商店無人化的程度
            (對策)
         ↗          ↘
  利潤的差距           人事成本減少的程度
   (差距)    章魚頭        (效果)
      ↑              ↙
  目標利潤        現況利潤
   (目標)  →      (現況)
```

依照上述四個規則，我們可以繪製無人商店的章魚頭系統思考圖，如圖 5-5 所示。

整體的因果關係為：

・當「現有利潤」（現況）與「目標利潤」（目標）之間的「利潤差距」（差距）越大時，就表示商店不賺錢的問題越嚴重。
・差距越大，「商店無人化的程度」（對策）」就得越高。
・當商店無人化的程度越高時，「人事成本減少的程度」（效果）」就會提升。

- 人事成本減少的越多,「現有利潤」(現況)就會隨之增加,讓「利潤差距」(差距)」變小。
- 當差距明顯變小,就意謂商店不賺錢的問題獲得了適當的改善。

步驟 2　章魚覓食思考法

還記得我們的命題嗎?

採用商店無人化的對策一段時間後,為何利潤沒成長,甚至還衰退?

這個命題顯示,服務若採用步驟 1 的商店無人化對策,不但沒有發揮預期效果,甚至出現了火上澆油的反效果。但是,在大缺工時代,服務業發展商店無人化,可以大幅降低人力成本,這個邏輯不是很理所當然嗎?為什麼擬定了商店無人化對策,反而行不通呢?

我們把對策的反效果或後遺症分析,設計成章魚覓食思考法,轉化為從章魚頭「伸出八爪覓食」,與「將食物捲回口中」兩個簡單步驟,讓大家更容易使用。

第一步,當章魚頭繪製完成後,從章魚頭上的「對策」出發,思考此對策會影響哪些利害關係人,或影響哪些重要議題?就好像章魚伸出爪子向外抓取食物,如圖 5-6 所示。

圖5-6 伸出八爪覓食

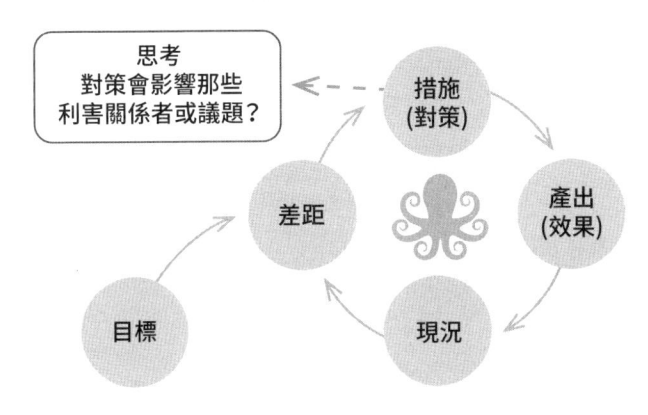

圖5-7 將食物捲回口中

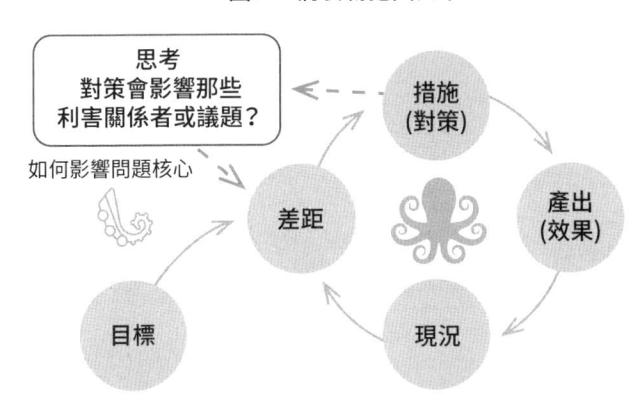

　　第二步，我們再思考所影響的利害關係人或重要議題，會不會在一段時間後再影響原來的問題？就好像章魚爪抓到食物後，將其捲回至嘴中，如圖 5-7 所示。

Chapter 5　避免治標而不治本—活用覓食術　147

圖5-8 無人商店的八爪章魚覓食系統思考圖(一)

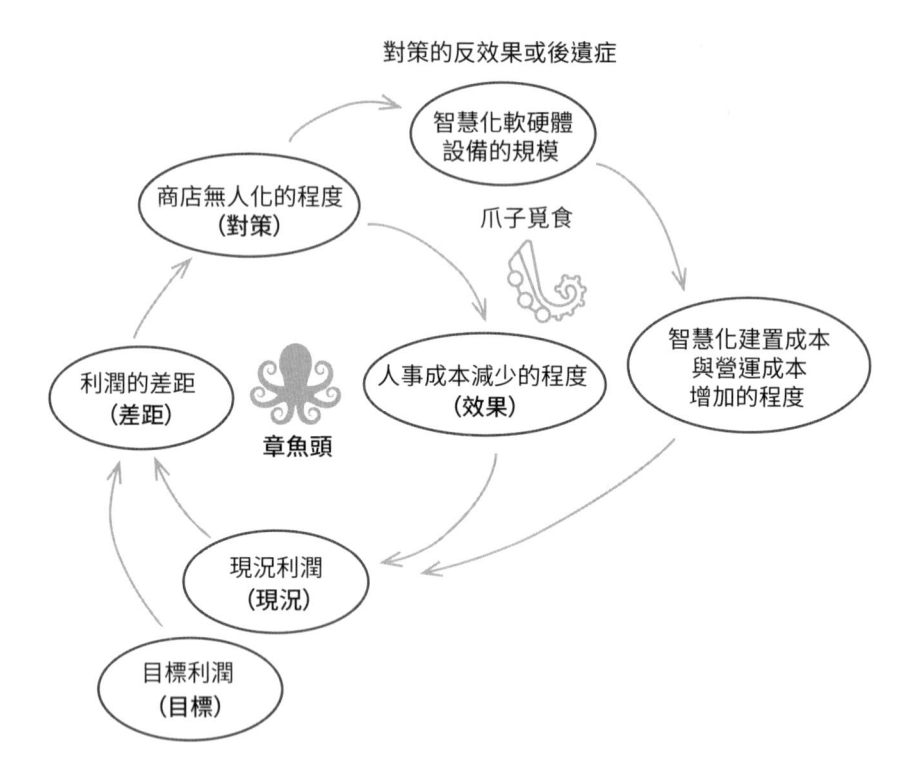

對策的反效果或後遺症

智慧化軟硬體設備的規模

商店無人化的程度（對策）

爪子覓食

智慧化建置成本與營運成本增加的程度

利潤的差距（差距）

章魚頭

人事成本減少的程度（效果）

現況利潤（現況）

目標利潤（目標）

依照上述原則，無人商店的八爪章魚覓食系統思考圖，如圖 5-8 所示。我們可以開啟第一層對於「對策」反效果因果關係的思考：

- 商店雖然省下人事成本，但是無人化程度越高，所需的智慧化軟硬體設備的規模就會越大。
- 智慧化建置成本與營運成本非常燒錢，花費金額可能是人事成本省下來的數倍以上，進而造成「現有利潤」（現況）大幅減低，「利潤差距」（差距）變大。
- 當差距變大，意謂〔商店不賺錢〕問題比之前嚴重。

然後，延伸第二層對於「對策」反效果的思考：

- 商店無人化程度越高，失去人味的程度也越多。顧客在嘗鮮體驗高科技之後，發現失去了店員，變成沒有「溫度」的商店，就不會想再光臨。
- 一旦客戶的回頭率變低，後續營業額就會下滑，進而造成「現有利潤」（現況）隨之大幅減低，讓「利潤差距」（差距）變大。
- 當差距變大，就意謂〔商店不賺錢〕問題較之前更嚴重了，如圖 5-9 所示。

圖5-9 無人商店的八爪章魚覓食系統思考圖(二)

對策的反效果或後遺症

失去「人味」的程度

對策的反效果或後遺症

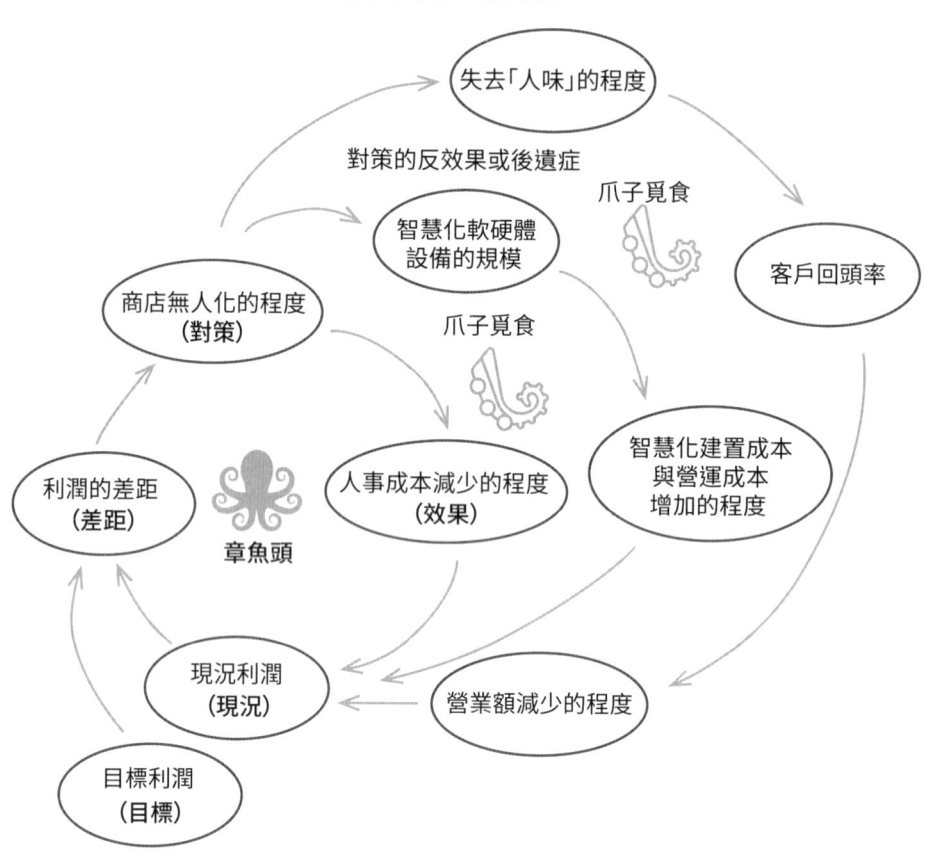

智慧化軟硬體設備的規模

爪子覓食

客戶回頭率

商店無人化的程度（對策）

爪子覓食

利潤的差距（差距）

章魚頭

人事成本減少的程度（效果）

智慧化建置成本與營運成本增加的程度

現況利潤（現況）

營業額減少的程度

目標利潤（目標）

步驟 3　研擬配套措施

完成步驟 2 的八爪章魚覓食思考圖,就能看清楚造成無人化商店專案「窮忙」的兩個關鍵原因:

1. 智慧化建置成本與營運成本增加的程度
2. 失去人味的程度

由此可發現「一步到位」發展無人化商店,會造成很大的反效果或後遺症,所以發展無人化商店必須配合「**階段性逐步導入**」的配套措施,才能有效避免「失去人味」與「智慧化設備高成本」的影響。上述的思考歷程也呼應了日本商業戰略大師大前研一對物聯網的觀點:「不要只看到設備、終端等單獨機體,由整體的相關系統思考,才可以想出超越業界價值的創意」。系統思考能幫助企業在急著以治標對策來解決問題前,適度地「**踩煞車**」,防止陷入專案「窮忙」的窘境。

實例應用分享

我曾經指導過一篇碩士論文,就是用八爪章魚覓食術來分析「加班或趕工」對策,對於工程施工廠商進行專案管理時,會產生什麼惡性循環?接著就來分享實際案例。

圖5-10 施工廠商的八爪章魚覓食系統思考圖(一)

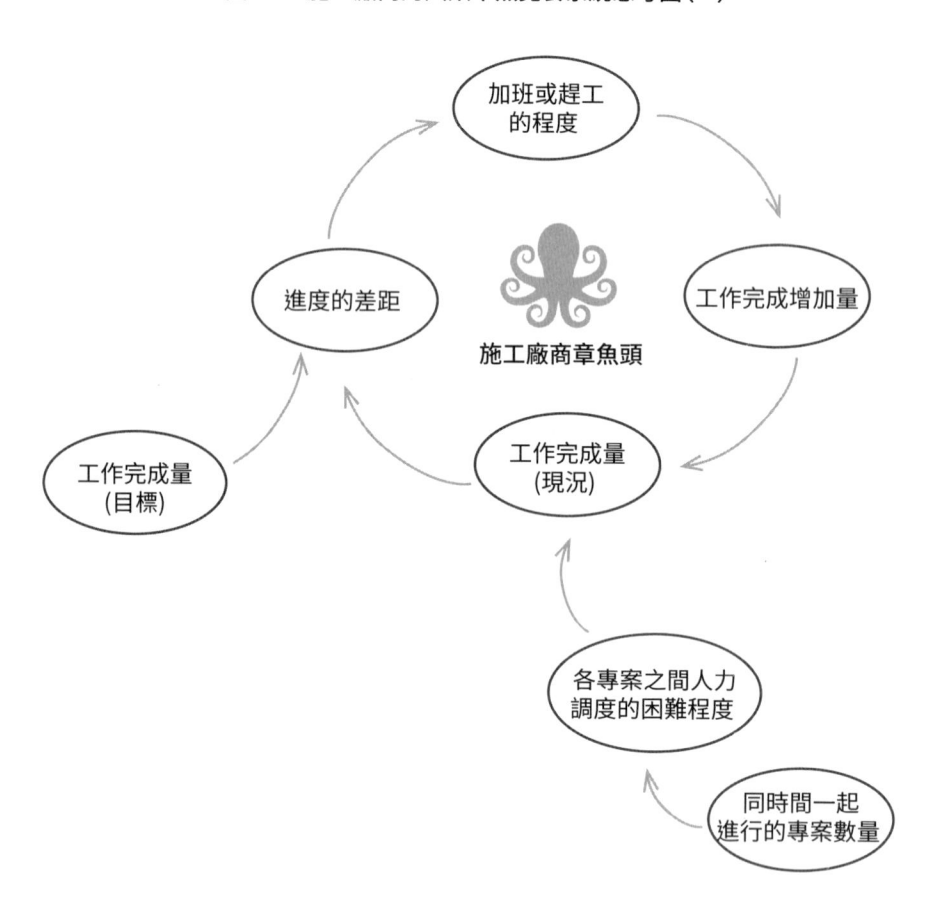

- 加班或趕工的程度
- 工作完成增加量
- 施工廠商章魚頭
- 進度的差距
- 工作完成量(目標)
- 工作完成量(現況)
- 各專案之間人力調度的困難程度
- 同時間一起進行的專案數量

第一步，先針對施工廠商進行訪談。以下是訪談摘錄：

問題 1：是否曾經發生趕工或加班的狀況？

廠商答：施工過程中的確常發生趕工和加班狀況。

問題 2：請問造成趕工或是加班最主要原因為何？

廠商答：施工期間的人力調度問題，影響到工程進度的狀況比較多。

問題 3：為何會產生人力調派上的問題？

廠商答：由於同時間有多個工程專案一起進行，所以在施工過程中如何分派現有的人力資源很重要，必要時會將人力資源集中於相對重要的工程，多少會影響到其他同期工程專案的施工進度。

在訪談問題 1 中，確認了施工廠商在建設工程的過程中常發生加班和趕工，採用加班或趕工都是因為工程進度出現落後情形。從訪談問題 2 的施工廠商回覆中，了解工程進度現況落後的原因，是人力資源調度的問題所導致的。從訪談問題 3 的廠商回覆中，知道人力資源調度的發生原因是廠商同時進行多個工程專案；如果同時進行的工程專案數量越多，各專案之間人力調度的困難程度就會越高。如圖 5-10 所示。

接著再繼續詢問，以下是訪談重點摘錄：

問題 4：如何解決人力資源調度問題？

廠商答：工程項目會外包給配合度高的協力廠商施作。

問題 5：請問趕工或加班的影響？

廠商答：可以加快施工進度。

問題 6：過去發生品質瑕疵的主要原因為何？

廠商答：大多是因為工程趕工，以致加快工程施作時間而導致出現品質瑕疵。

從訪談問題 4 的廠商回覆中，我們發現因為人力資源調度困難所產生的進度落後問題，因應對策除了「加班或趕工」外，還有「外包」。所以，要把原先「對策」裡「加班或趕工的程度」，修改為「**加班、趕工或外包的程度**」。

另外，從訪談問題 5 的廠商回覆中，了解趕工或加班會加快工程的施作時間。但是從訪談問題 6 的廠商回覆中，會發現加快工程的施作時間，很容易出現品質瑕疵的問題。

在工程管理領域，**當品質瑕疵的問題出現時，廠商通常會採用「重工」來因應**，如下圖 5-11 所示。

圖5-11 施工廠商的八爪章魚覓食系統思考圖(二)

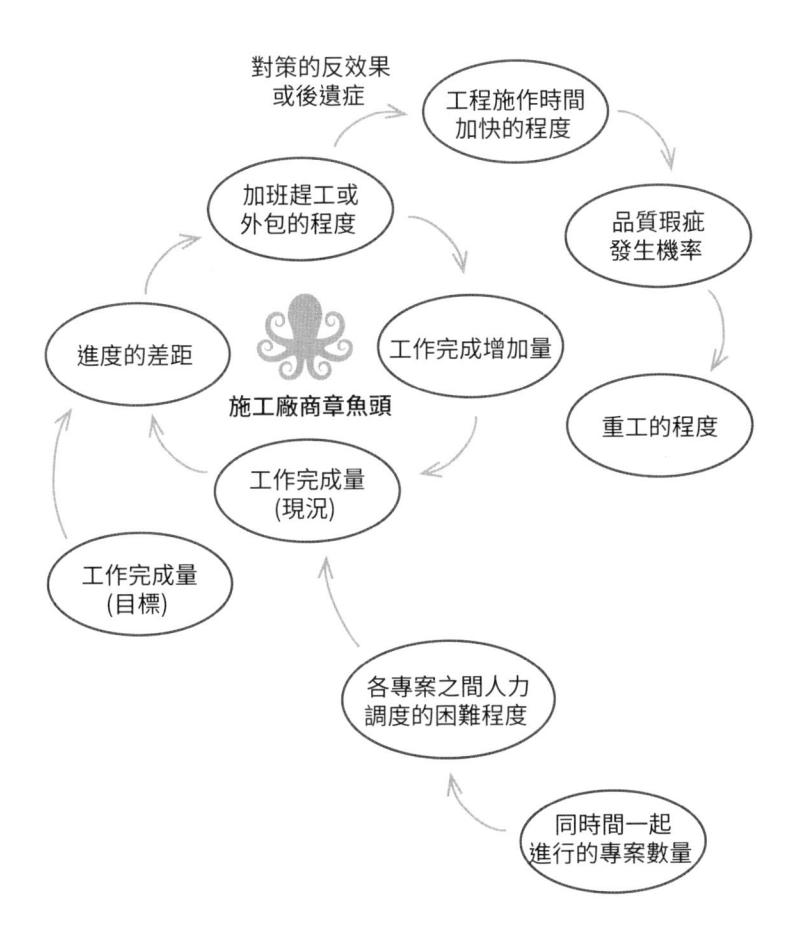

對策的反效果或後遺症

- 工程施作時間加快的程度
- 品質瑕疵發生機率
- 重工的程度
- 加班趕工或外包的程度
- 工作完成增加量
- 施工廠商章魚頭
- 進度的差距
- 工作完成量(現況)
- 工作完成量(目標)
- 各專案之間人力調度的困難程度
- 同時間一起進行的專案數量

Chapter 5 避免治標而不治本──活用覓食術

接著再繼續詢問，以下是訪談重點摘錄：

問題 7：當發生趕工、加班或重工的情況時，額外支出從何而來？

廠商答：發生趕工、加班或重工時，所造成的額外支出費用自行吸收，其中趕工和加班經常發生。

從訪談問題 7 的廠商回覆中，確認施工廠商採取加班、趕工、外包與重工時，都會產生需要「自行吸收」的專案額外成本，如下圖 5-12 所示。

圖形展開至此，大家可以試著推論看看，從「**專案額外的成本**」，到「**同時間一起進行的專案數量**」，這中間可能經歷了那些因果關係？

・由於「專案額外的成本」，會侵蝕掉施工廠商本身的利潤；而當利潤受到影響時，施工廠商就會去投標更多的新工程來增加收入。
・新工程變多了，也就代表新專案的增加量變多了。
・新專案的增加量變多了，也就代表「**同時間一起進行的專案數量**」也會越多，這就讓「**各專案之間人力調度的困難程度**」更高，如圖 5-13 所示。

圖5-12 施工廠商的八爪章魚覓食系統思考圖(三)

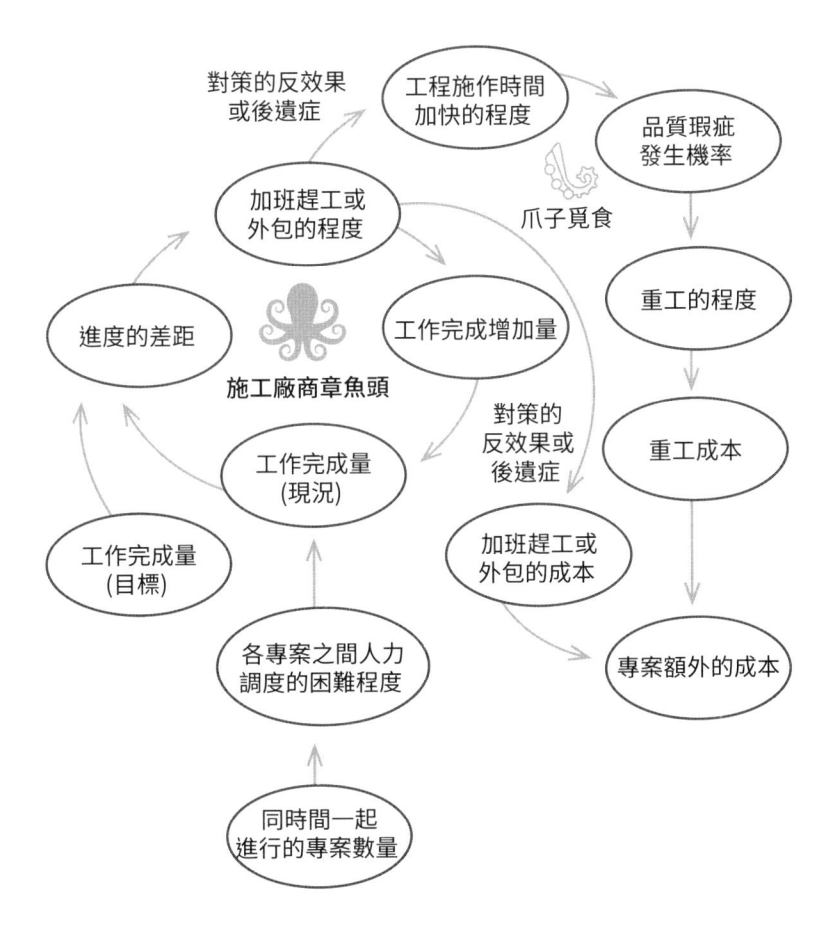

對策的反效果或後遺症

工程施作時間加快的程度

品質瑕疵發生機率

加班趕工或外包的程度

爪子覓食

進度的差距

工作完成增加量

施工廠商章魚頭

重工的程度

工作完成量(現況)

對策的反效果或後遺症

重工成本

工作完成量(目標)

加班趕工或外包的成本

各專案之間人力調度的困難程度

專案額外的成本

同時間一起進行的專案數量

從圖 5-13 來看，我們可以得知如何**有效降低「各專案之間人力調度的困難程度」**，是研擬這個專案配套措施的重點。因為當公司在同時間執行許多個專案時，一定會發生「資源搶奪」的衝突情形。

在國際專案管理的知識領域裡，建置專案管理辦公室（Project Management Office，PMO）是處理衝突與優化資源的最佳解決方案，至於組織如何發展 PMO，我們會在第八章裡詳細為大家說明。

這篇論文再次驗證專案的時程、品質與成本之間，具有「牽一髮動全身」的串聯特性，圖 5-13 後來也成為我必備的教學解說案例。

原本以為這只是建設工程領域的專案管理問題，但是學過這張圖的各產業人士或在職專班學生，都跟我回饋他們公司的專案管理模式也很類似於這張圖，我才發覺陷入專案「窮忙」的惡性循環，在企業裡是「通案」。

希望在你學會繪製八爪章魚覓食系統思考圖之後，可以看清治標對策的反效果，避免再在工作上持續做吃力不討好的無用功了。

圖5-13 施工廠商的八爪章魚覓食系統思考圖(四)

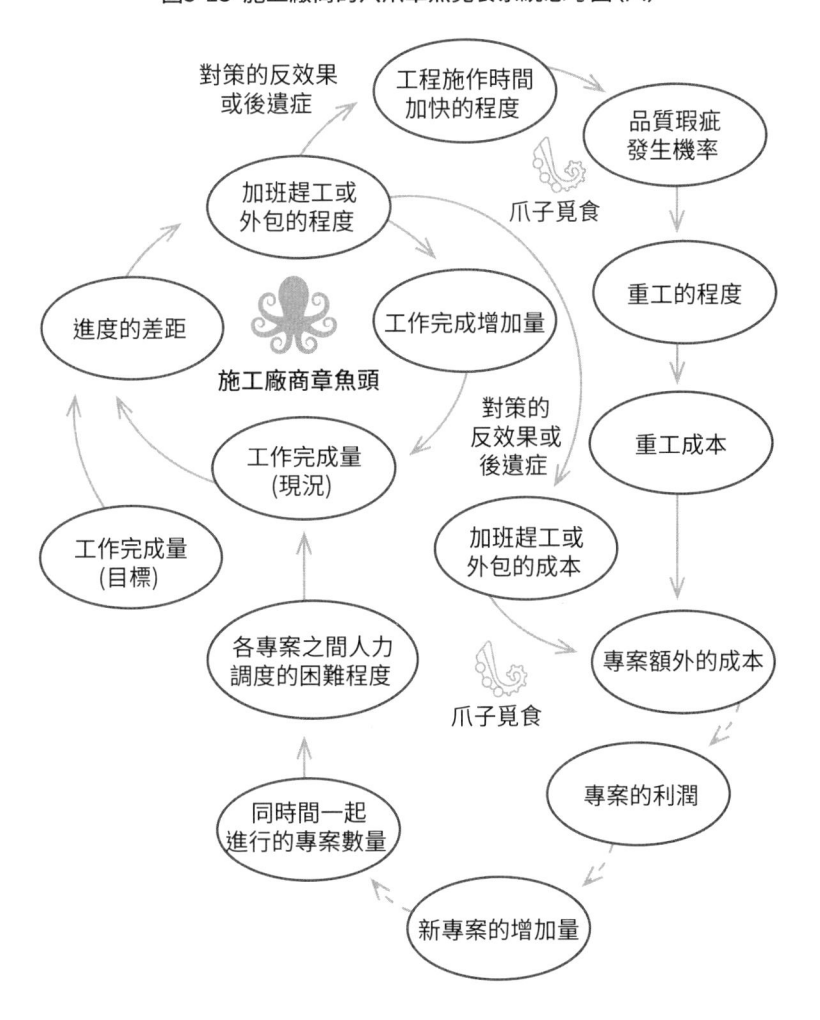

- 對策的反效果或後遺症
- 工程施作時間加快的程度
- 品質瑕疵發生機率
- 加班趕工或外包的程度
- 爪子覓食
- 進度的差距
- 施工廠商章魚頭
- 工作完成增加量
- 重工的程度
- 工作完成量(現況)
- 對策的反效果或後遺症
- 重工成本
- 工作完成量(目標)
- 加班趕工或外包的成本
- 各專案之間人力調度的困難程度
- 專案額外的成本
- 同時間一起進行的專案數量
- 爪子覓食
- 專案的利潤
- 新專案的增加量

※ 全方位 PM 實戰練習 ※

　　擴廠是推動企業產能成長的重要專案,可是環境影響評估(簡稱「環評」)沒有通過,擴廠專案就無法啟動。

　　請使用右方的八爪章魚覓食術系統思考圖來分析擴廠環評的利害關係人影響(環保團體與當地民眾),並擬定相應的配套方案。

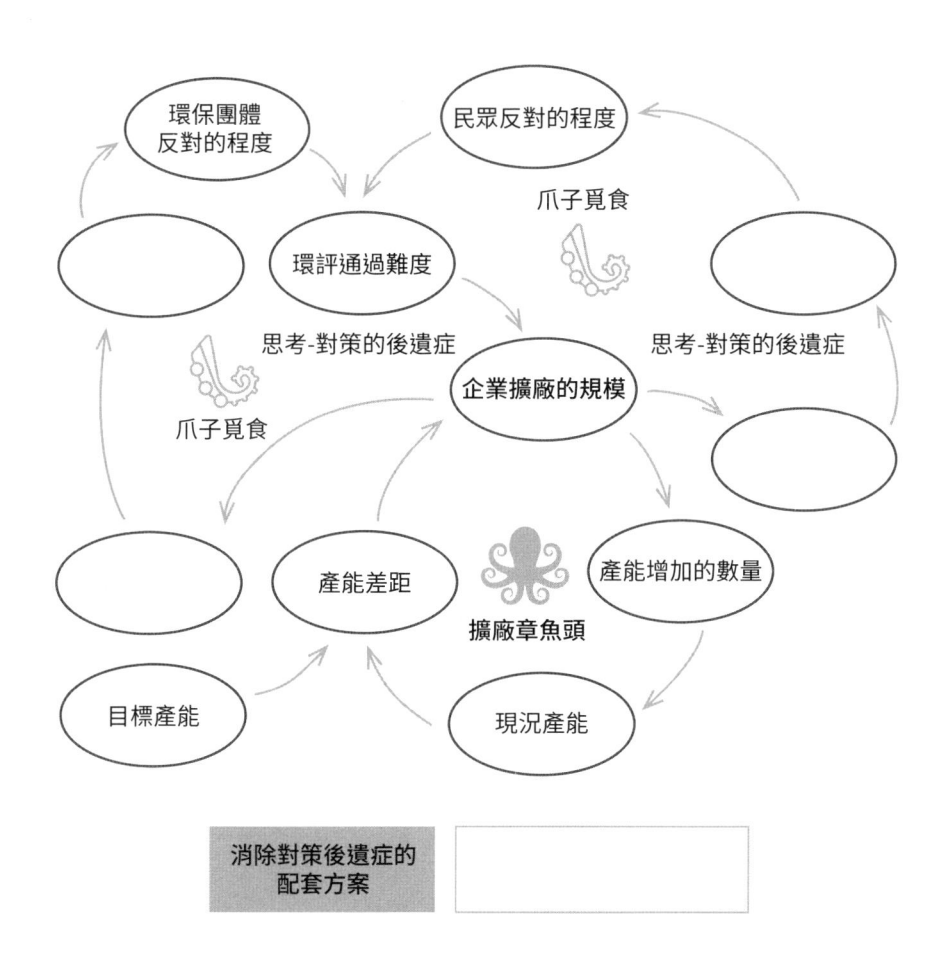

```
                環保團體                    民眾反對的程度
               反對的程度
                                    爪子覓食
        ○              環評通過難度                        ○
                  思考-對策的後遺症       思考-對策的後遺症
                            企業擴廠的規模
          爪子覓食
                                                        ○
        ○      產能差距                   產能增加的數量
                          擴廠章魚頭
          目標產能                    現況產能
```

| 消除對策後遺症的 | |
| 配套方案 | |

Chapter 6

不得罪人的跨部門專案管理
——努力求共好

曾聽一位企業主說，想讓某位同仁心甘情願離開公司，卻又無法怪罪公司，最好的方式就是讓他擔任「**跨部門專案的專案經理**」。

因為當專案失敗時，跨部門專案經理不僅要承擔全責，還會得罪許多來支援的其他部門同仁與主管，一旦面臨這種處境，應該也不會想在公司待下去了，由此可知，跨部門專案管理的難度。

要知道，如期、如質、如預算、如範疇，只是對專案經理的基本要求；**能夠超越所有利害關係人的期望，才是全方位專案經理的真功夫**。但是大部分的專案經理之所以很容易「折損」，就是將管理專案的焦點放在如期、如質、如預算、如範疇，而非在滿足所有利害關係人的期望。

在跨部門專案裡，「所有」利害關係人就包含了「其他部門」的支援同仁，而選派哪幾位同仁來支援專案的決定權，也是掌握在其他部門主管的手中。

請大家想一想，倘若你負責的跨部門專案成功了，但是對其他部門主管來說不會帶來任何好處，他們會願意派優秀員工來支援嗎？很多時候，量不一定等於質，人多也不一定代表工作效率高。當其他部門派來支援的人，都不是你這個跨部門專案經理真正想要的人時，該怎麼辦？

全方位專案管理的五階升級修練

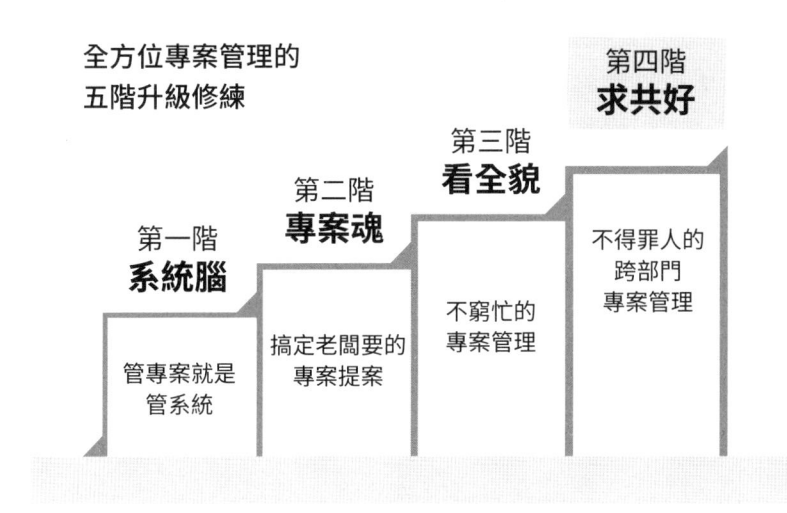

- 第一階 **系統腦**：管專案就是管系統
- 第二階 **專案魂**：搞定老闆要的專案提案
- 第三階 **看全貌**：不窮忙的專案管理
- 第四階 **求共好**：不得罪人的跨部門專案管理

先鄭重提醒一下各位讀者，通常在組織裡的專案經理，並不是真的「經理」，許多公司都是由資深員工或技術工程師來擔任這個角色，所以大多數專案經理應該沒有膽量去「對抗」其他部門主管。

另外，其他部門的同仁也只是單純被派來支援專案，倘若專案成敗對他們的考績影響極小，甚至做得好也「無利可圖」，請問這種情形下，他們會願意付出多少心力在你分派的專案工作上？這就是管理跨部門專案時的殘酷現實。

那該怎麼做，才能搞定其他部門的同仁與主管呢？

解方 1：視線變遠見

如果你是剛進公司的新人，一定是以自己部門的工作或任務為核心，因為你的考績都是部門直屬主管在決定，想必會盡其所能在直屬主管的面前，在工作上努力求取好表現。

此時主管想把你派去支援跨部門專案，你的心裡面一定會十分抗拒，並想各種藉口來逃避。

可是當你進入公司三到五年後，成為較資深的同仁時，主管就有可能讓你嘗試去擔任「專案經理」這個角色，如果你之前都沒有去支援過跨部門專案的經驗，甚至對專案管理都不懂，突然之間就要負責管理專案，那當然會是一件非常「恐怖」的事。

其實願不願意支援別人的跨部門專案，取決於你是用「視線」，還是用「遠見」來看待這件事。沒錯，今天你去支援別人的專案，以短時間的視線角度來看，不會為你的考績帶來好處，甚至可能還會讓你忙得要死。最後專案成功了，光芒還是在別人那裡。

可是，如果以長時間的遠見角度來看，當你去支援別人專案時，有機會更認識「專案經理」這個角色。如果那個專案經理的專案管得很好，你等於免費學到如何管好公司專案的 Know-How。一件事情，你把它當作「負擔」來看，還是

當作專案經理「職前訓練」的學習機會來看，就是「視線」和「遠見」的差異。

假設這三到五年，你都願意主動去支援很多跨部門專案，還會產生另一個更大的好處，就像魚幫水、水幫魚，很多部門同仁認識你，甚至感謝你，就等於在累積善因，等到哪天你擔任跨部門專案經理時，別人也會主動來協助你。

但是，你如果沒有經歷這個過程，而其他部門又沒有人認識你，再加上你也不是主管，那你這個跨部門專案的專案經理自然會當得苦不堪言。所以經常協助別人的專案，無形中也是在執行專案團隊建立（team building）的工作，培養未來與跨部門同仁共同合作的默契。

跨部門專案要成功，靠互挺

團隊共同合作講得白話一點，就是「互挺」。

當我願意挺你時，就不會跟你計較分派的工作量；那我憑什麼挺你？一定是你曾無私地幫過我。如果你負責的是全公司都矚目的跨部門專案，可能還經常有機會面見總經理，報告專案進度，哪天你升遷了，那我就是你升遷的助力。

換句話說，如果你很認真地支援其他部門的專案，你的工作表現也有機會被其他部門主管認可，搞不好還會被挖

角,委以重任。相反地,如果你在支援其他部門專案時,抱著不重視的心態,被指派的工作也隨便敷衍了事,等到哪一天,你變成跨部門專案經理時,有仇報仇的時機就來了。

所以,擔任跨部門專案經理這件事,建議大家一定要準備好了才接受,他的下場通常只有 0 跟 1。

一旦成功,解決了公司最重要、迫切的問題,而且還是領導跨部門的同仁,那你在公司的能見度會相當高,得到的就是 1(全公司都肯定你);可是反過來,你把公司最關注的專案搞砸了,那你在公司的厭惡度會相當高,得到的就是 0(全公司都否定你),尤其很多專案管理的教科書都有寫:

專案失敗,唯一要負全責的就是專案經理。

還有很多公司喜歡用內部專案,來測試這個人有沒有當主管的潛質。

因為內部專案的經費少、影響小,就算失敗了也沒關係。公司用一點點錢就能摸清楚你適不適合當主管,長遠來看對公司管理反而是大利多。所以,哪一天主管請你擔任跨部門專案的專案經理,表面上是請你去管專案,私底下可能就是要測試你合不合適當主管。

為什麼?各位有沒有發覺,專案經理的工作基本上跟主

管的工作很像,例如開會、領導團隊、目標管理、問題解決、跟不同的利害關係人溝通等,如果這些事情你都能勝任,我想老闆應該沒有理由不升你當主管。

解方 2:學習「智者之慮」

由於跨部門專案(或者也可以衍伸為大型專案),牽涉到這位專案經理要如何「有效管理」所有的利害關係人,此時就需要活用《孫子兵法》〈九變〉篇中提到的:

是故智者之慮,必雜于利害。

意思就是,有智慧的專案經理在考慮解決問題的對策時,必須要兼顧對策的利(有利)與害(不利)兩個方面。

前面第五章介紹八爪章魚覓食術,就是「智者之慮,必雜于利害」的具體作法之一——表面上「加班」是因為同時進行許多案子,導致人力資源調度困難,為了不拖累進度,只好加班趕工。事實上,加班所增加的人力成本和品質瑕疵,侵蝕了公司的獲利,於是又不得不拚命接案子⋯⋯那麼在跨部門專案進度落後時,「加班」到底是不是一個應該採用的因應對策呢?

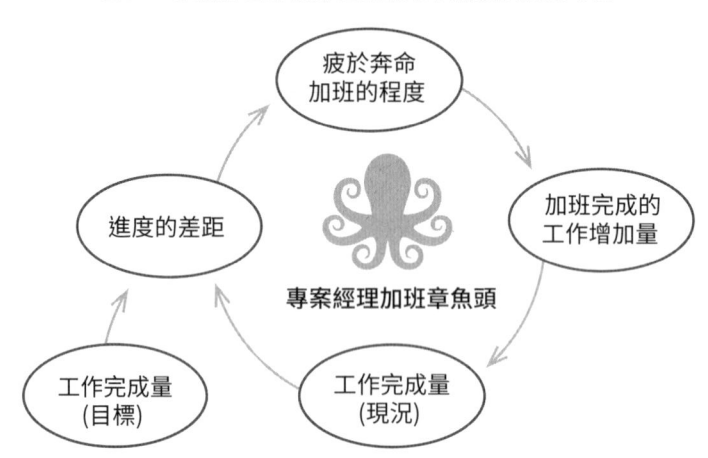

圖6-1 專案經理採取加班對策的章魚頭系統思考圖

```
        疲於奔命
        加班的程度
       ↗          ↘
   進度的差距    加班完成的
               工作增加量
      ↑    專案經理加班章魚頭    ↙
   工作完成量      工作完成量
    (目標)         (現況)
```

接下來，我們藉由「加班」案例，展現系統思考如何進行跨部門專案利害關係人的分析與管理，如圖 6-1 所示。

如果你的專案加班只是偶一為之，那應是單純個案，無需太過擔心。可是如果你做的每個專案都會出現加班現象，甚至發生的頻率越來越高，那可能就是陷入惡性循環而不自知，而惡性循環要靠系統思考這把「照妖鏡」才能現形。

惡性循環影響的首要利害關係人，就是專案團隊成員內**「自己部門的同仁」**。

圖6-2 加班對策影響「自己部門同仁」的八爪章魚覓食系統思考圖

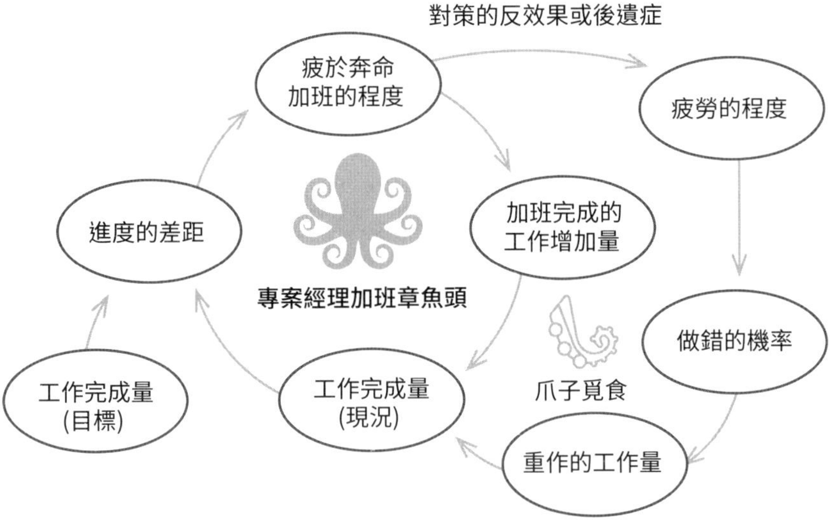

對策的反效果或後遺症

- 疲於奔命加班的程度
- 疲勞的程度
- 進度的差距
- 加班完成的工作增加量
- 專案經理加班章魚頭
- 做錯的機率
- 工作完成量（目標）
- 工作完成量（現況）
- 爪子覓食
- 重作的工作量

　　疲於奔命的加班，很容易讓專案團隊成員發生過度疲勞的現象，在過勞下繼續工作，工作做錯的機率就會大幅提升，此時花在重作的時間也會隨之變多，進而嚴重影響手邊的工作完成量（現況），如圖 6-2 所示。

　　為了縮小進度的差距，專案經理開始要求專案團隊成員內「其他部門的支援同仁」，一起加班追趕進度，但是這些支援同仁認為自己部門內的工作才是考績重心，加班會影響他們既有工作的正常進度。

圖6-3 加班對策影響「其它部門支援同仁」的八爪章魚覓食系統思考圖

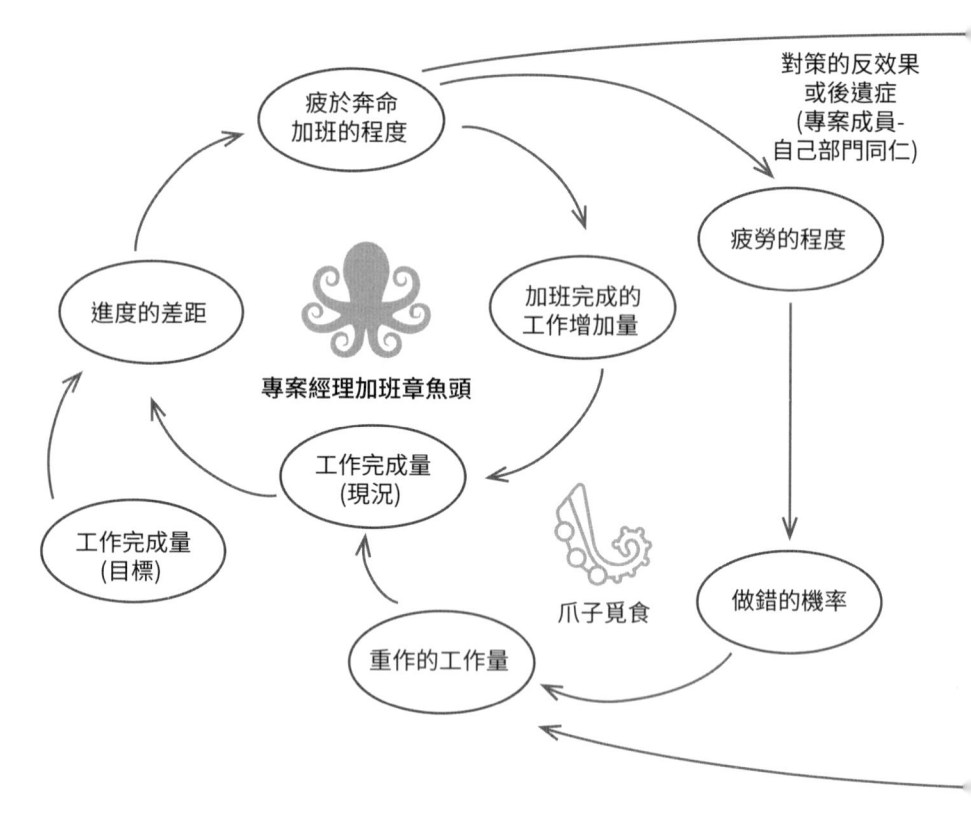

所以，即使其他部門來支援的同仁，同意為了跨部門專案加班，但是虛應故事的程度很高，造成專案工作的品質不良，導致重作的情形又再度發生，如圖 6-3 所示。

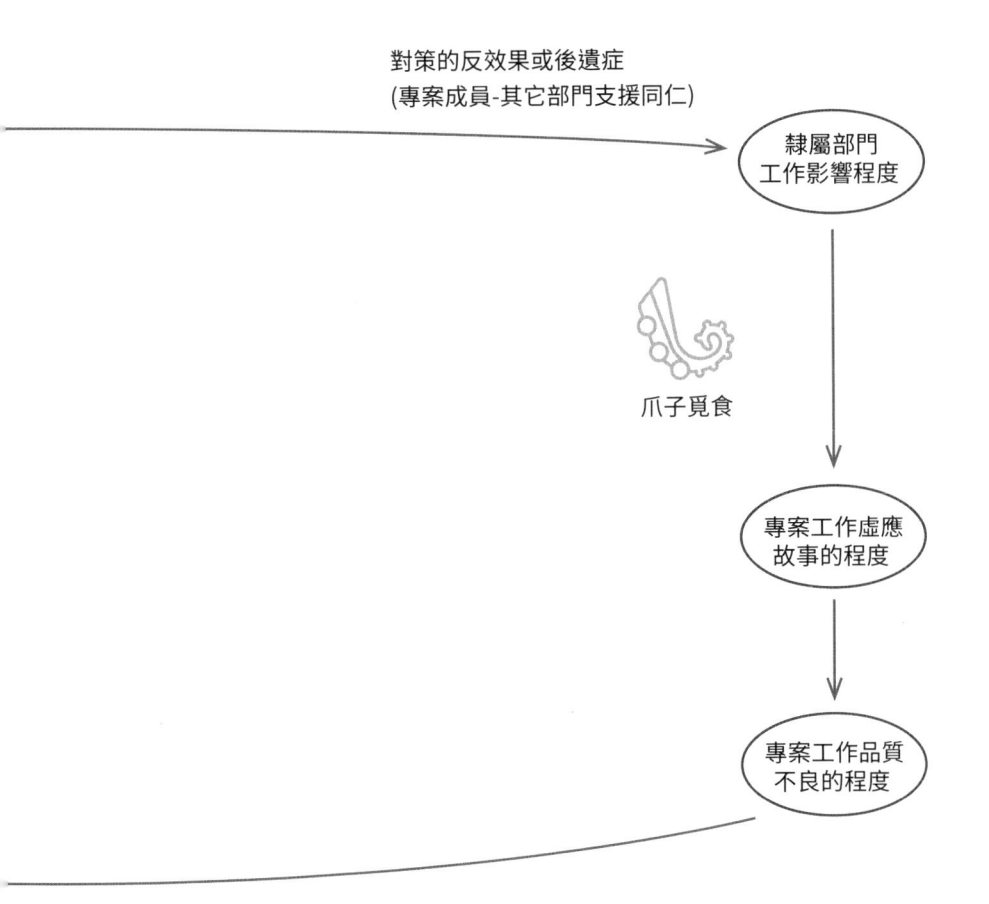

對策的反效果或後遺症
(專案成員-其它部門支援同仁)

隸屬部門
工作影響程度

爪子覓食

專案工作虛應
故事的程度

專案工作品質
不良的程度

圖6-4 加班對策影響『其它部門支援同仁的主管』的八爪章魚覓食系統思考圖

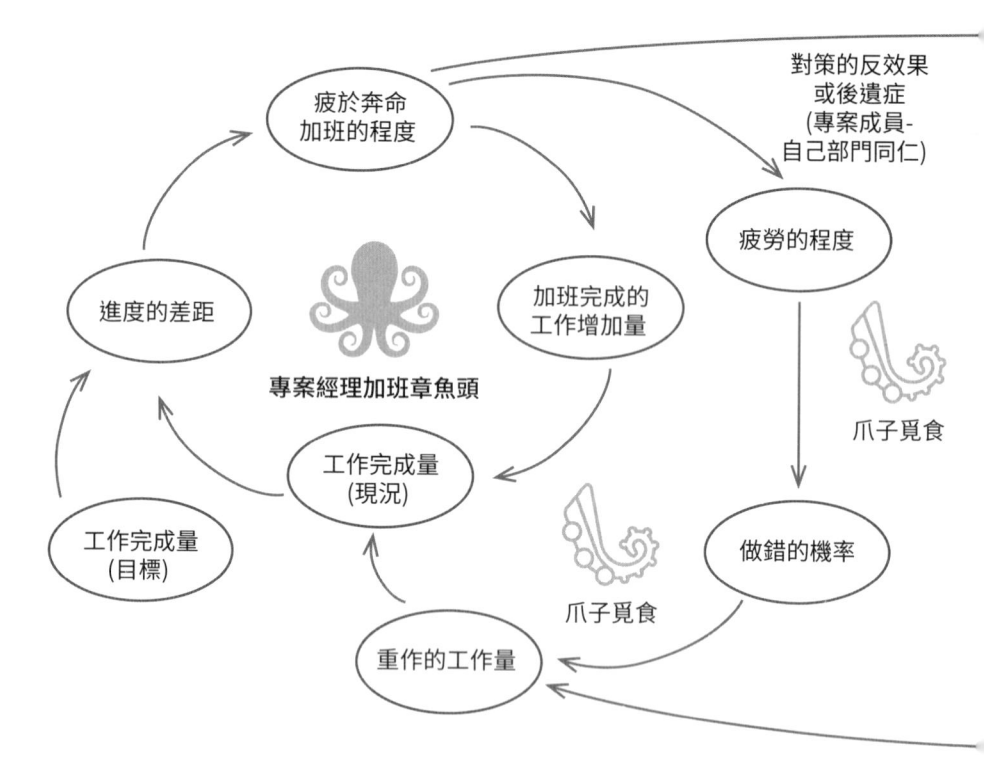

圖中元素：
- 疲於奔命加班的程度
- 加班完成的工作增加量
- 工作完成量（現況）
- 重作的工作量
- 進度的差距
- 工作完成量（目標）
- 專案經理加班章魚頭
- 對策的反效果或後遺症（專案成員-自己部門同仁）
- 疲勞的程度
- 做錯的機率
- 爪子覓食

　　另一方面，其他部門來支援的同仁倘若只顧著忙你的跨部門專案，而影響了其隸屬部門的工作績效表現，專案經理等於又間接得罪了「大魔王」等級的利害關係人——其他部門支援同仁的主管。

對策的反效果或後遺症
(專案成員-其它部門支援同仁)

```
隸屬部門工作影響程度
           ↓                    ↘
(其它部門支援同仁的主管)      隸屬部門工作績效的表現
           ↓                    ↓
       爪子覓食           隸屬部門主管對專案反感的程度
           ↓                    ↙
    專案工作虛應故事的程度
           ↓
    專案工作品質不良的程度
```

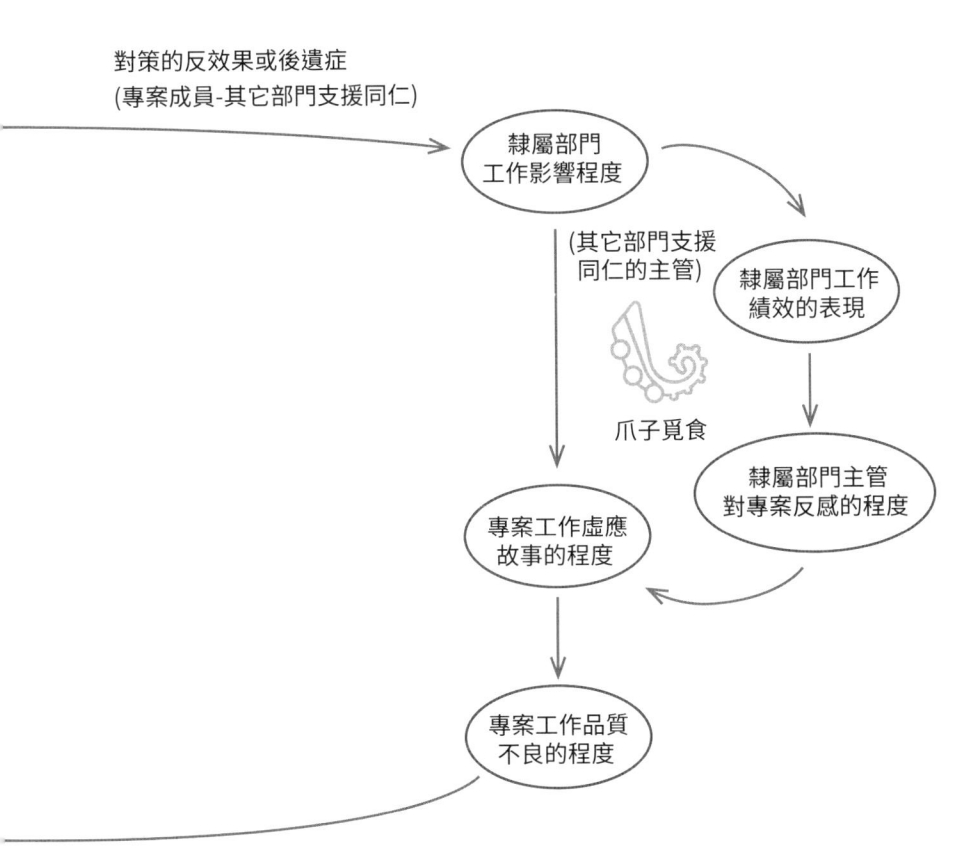

　　因為，其他部門主管有可能把同仁績效變差的責任算在「支援跨部門專案」的頭上，並且對這個專案產生了反感，甚至叮嚀支援同仁不用對這個專案太認真。如此一來，支援同仁對於跨部門專案工作虛應故事的程度就又更加提高了，如圖 6-4 所示。

在利用八爪章魚覓食術分析後可知：
・避免「自己部門同仁」過勞
・不妨礙「其他部門支援同仁」既有工作
・不拖累「其他部門主管」績效

三大前提下，此時應該開始規劃另一個專案——量身訂做可行的「**加班管理計畫**」。

「有人性且可行」的專案團隊管理

面對這三類影響跨部門專案甚巨的利害關係人——自己部門同仁、其他部門支援同仁、其他部門主管，身為跨部門專案經理的你要如何有效管理？分享我的實務經驗，「自己部門同仁」的專案團隊成員，他們的期望是專案經理盡量確保專案執行過程能符合專案管理計畫書，工作任務不要老是改來改去，令人無所適從。

至於「其他部門支援同仁」的團隊成員，他們的期望是專案經理分派給他們的是簡單具體的工作，以及盡量減少專案開會的次數，因為他們還有自己部門的工作要做，沒有太多時間與精神耗在專案上。上述期望都跟專案規劃方式有關，所以真正「有人性且可行」的專案管理計畫書必須是：

專案經理與團隊所有成員在考量大家期望下，**共同制定**完成的。

另一個「有人性且可行」的團隊管理重點，就是專案經理**不要導入過多的圖表來執行專案**。就像許多知名小吃攤，菜色種類很少，甚至有的只賣一種，例如臭豆腐、蚵仔煎等，若菜色種類太多，就會花很多時間在採買與備料的工作上，而忽略了食物品質。

同樣地，專案管理過程中，使用太多圖表，會造成團隊成員忙於製作各式圖表，而忽略了專案真正的目的是要解決客戶的問題。圖表使用的原則是：

1. **少而深**：量與質「少而深」，避免「多而淺」
2. **一致性**：圖表的形式要遵守一致性

否則光是一個甘特圖，十位專案團隊成員，有十種畫法，專案經理光是要整合不同形式的圖表，就要耗費大量時間和精力了。所以精準運用「一致性」與「少而深」的專案管理圖表，將能有效提升專案團隊同仁的工作效率。

至於「其他部門主管」要如何搞定？很多時候由專案經理親自出面硬碰硬，勢必落得遍體鱗傷，最好是想辦法讓「自己部門的直屬主管」出面幫你擺平其他部門的主管。

怎麼讓自己的直屬主管挺你呢？不妨試試《孫子兵法》裡所說的「伐謀」、「伐交」這兩種做法，以「謀略」和「外交」不戰而屈人之兵。不過，無論是「謀略」或「外交」，都需要準備足夠的誘因。例如，你將此次跨部門專案導入國際專案管理知識體系，待專案完成後由直屬主管帶領團隊參加國際專案管理競賽，一旦獲獎了，直屬主管也就成為公司創新管理的代表，他自然會對你的專案全力相挺。

實例應用分享

在我自己執行過的政府專案中，曾發生兩個與會單位在期中報告審查時，提出書面意見，希望我們提出的問題解決對策，實施規模能夠縮小一些，但是並沒有闡述詳細理由。剛開始我十分狐疑，明明實施規模越大，對他們的幫助應該是越大才對啊，為什麼他們反而希望縮小實施規模呢？

於是，我主動在專案增列新工作項目時，採用「八爪章魚覓食術」進行系統思考，並透過實際的深度會談，來分析對策執行時，是否會對這兩個單位產生後遺症或反效果。結果發現，實施規模越大，A 單位會衍生出越多的行政處理工作，讓既有人員工作量暴增；B 單位需協助分攤對策的執行經費，所以規模越大，單位支出的負擔越高。

在期末報告審查時,我便針對上述後遺症,向主辦單位提出需要有適度的配套方案來因應,最後讓對策順利推動。

指導超過 1700 家企業、號稱日本「最受歡迎」的企業顧問安田正,在其著作《微差力》一書中說,能躋身企業高層或事業上有所成就的人,都是能夠洞察先機的人。當別人還沒行動時,他們就已經打點好一切。因為,他們可以站在高處俯瞰工作或職場的全貌,懂得從「**全局視角**」來思考。

系統思考,其實就是全局視角。學會系統思考,可以從各個不同利害關係人的角度來看待專案,從高處看到全貌,然後超前佈署,完成令所有人都會「有感」的專案。

> PTGA 專案管理大獎:
> 國際專案管理學會台灣分會(簡稱 PMI-TW),為了彰顯專案管理之必要,鼓勵所有企業、組織見賢思齊,並重視專案經理角色。每年都會舉辦 PTGA 專案管理大獎(PMI Taiwan Grand Award)。
> 我有幸擔任幾次專案管理大獎的評審委員,發現入圍決賽的公司,除了專案經理必須親自來發表簡報之外,其直屬主管、公司總經理也都會陪同到場,實際協助 Q&A。
> 這也證明了專案管理要在組織內導入成功,專案經理得到高層的支持和相挺是關鍵。

※ 全方位 PM 實戰練習 ※

公司裡常會遇到老闆對於專案進度目標「朝令夕改」，事實上，這是因為老闆用「遠見」來看待專案，認為專案進度與公司對外競爭力緊密相關。而團隊成員是用「視線」來看待專案，他們關心的是眼前工作進度可能落後，為追進度而加班所造成的疲勞，疲勞又導致重作，所以不希望專案工作進度目標被更動。所以請參考下圖，試著從「老闆」這個利害關係人的角度，列舉出三個影響公司對外競爭力的關鍵因素。

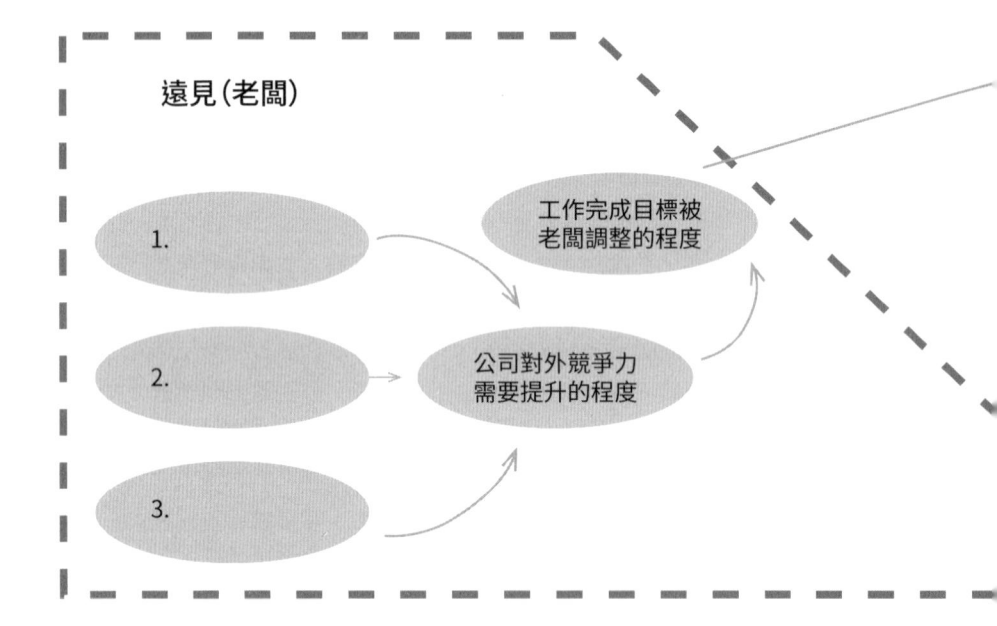

遠見(老闆)

1.　→　工作完成目標被老闆調整的程度

2.　→　公司對外競爭力需要提升的程度

3.　↗

視線（專案團隊）

對策的反效果或後遺症

疲於奔命加班的程度

疲勞的程度

進度的差距

加班完成的工作增加量

追趕專案進度的解題思維

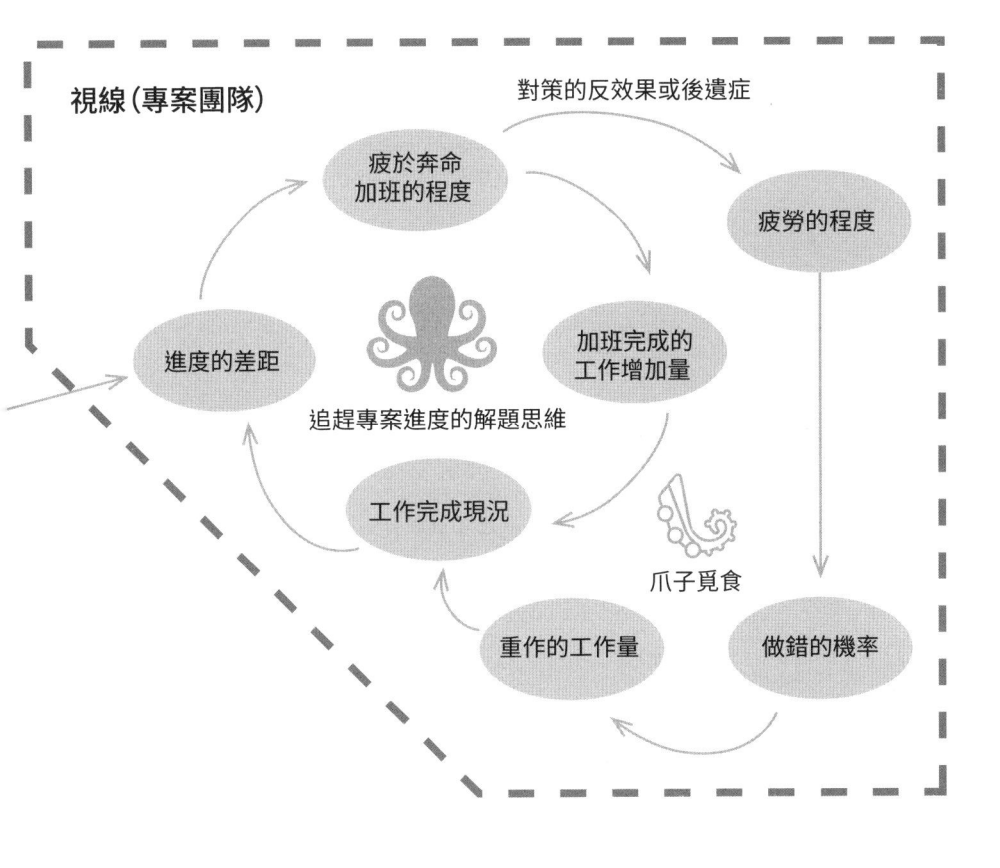

工作完成現況

爪子覓食

重作的工作量

做錯的機率

**追趕專案進度的
系統思考八爪章魚覓食圖**

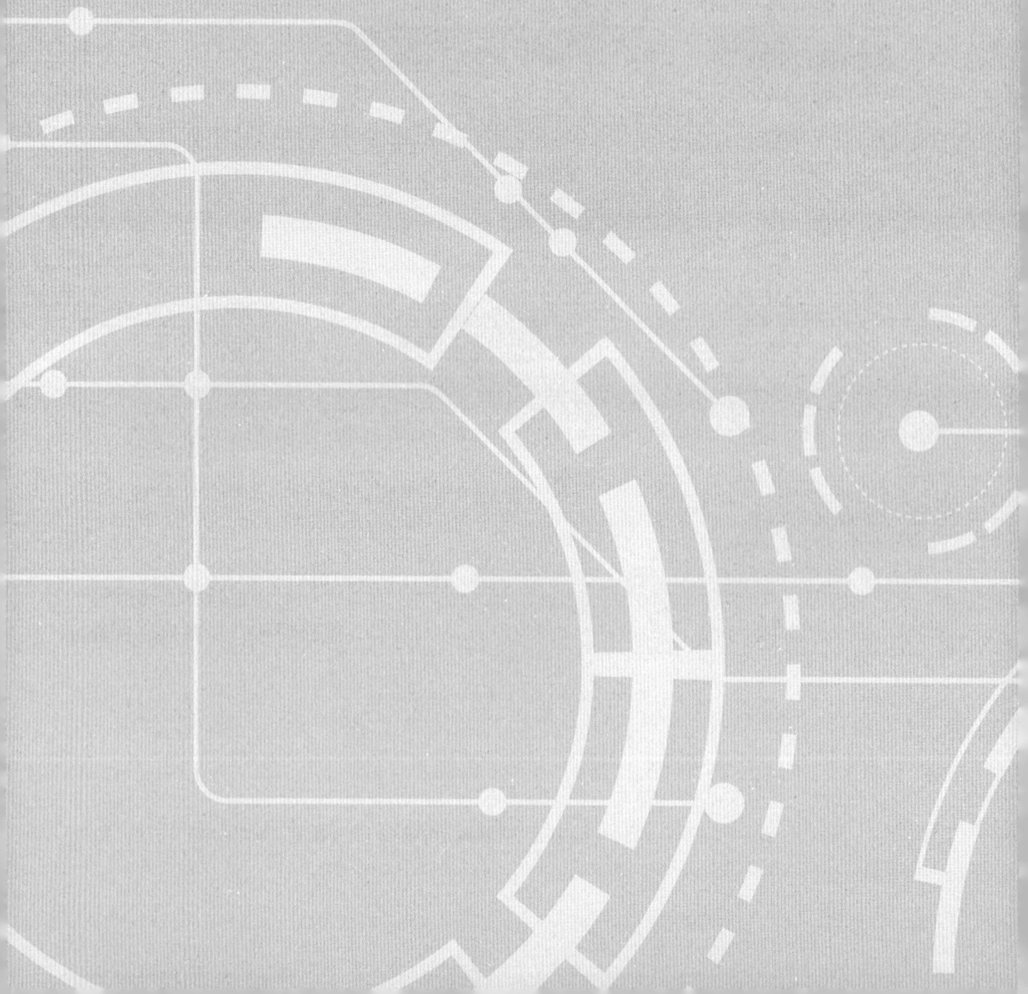

Chapter 7

晉升高管必學的專案集管理
——破框懂佈局

公司重要戰略目標的實現,例如數位轉型、綠色轉型等,都牽動著一家企業能否持續地成長發展,或者是不被時代淘汰。可是,**單一專案的成功,往往不等於戰略目標的實現**,因為專案(Project)只跟「交付標的」有關,而戰略目標往往是跟「收益」或「效益」有關。

收益或效益,通常需要仰賴多個有相互關聯特性的專案來達成,在專案管理領域稱之為「專案集」(Program)。舉例來說,一個新產品研發專案的成功,並不等於公司整體收益提升,因為專案經理只對這一款新產品能如期、如質、如預算地研發出來負責,至於後續這款新產品賣得好不好,就不是他的責任了。

以公司要提高整體「收益」來看,還需要依賴一系列與新產品有關的其他專案,例如新產品生產製造專案、新產品運輸物流專案、新產品行銷促銷專案等,各項專案均能順利推動與高度整合,才能有機會達成,而這就是「專案集經理」(Program Manager)的責任了。

「專案集管理」(Program Management)是將**有相依關係的多個專案,進行整體性的監控和治理**,以達成單獨執行這些專案無法達成的效益。專案集的管理者稱之為「專案集經理」,負責眾多專案之間的相互配合與最後的總體成果。

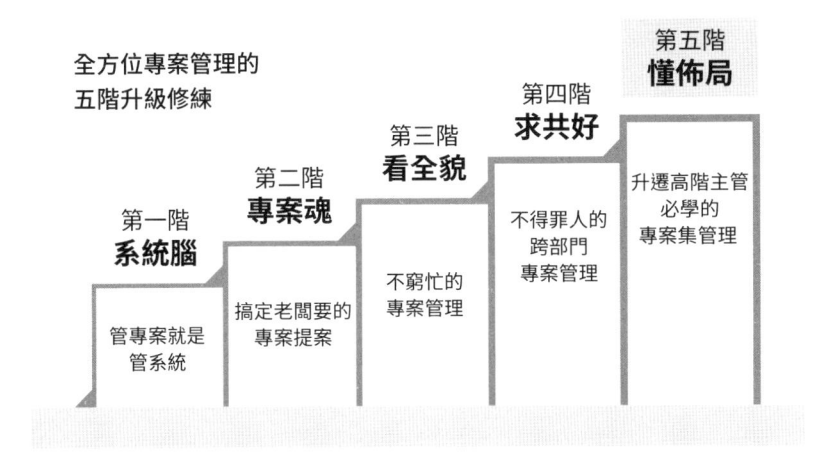

```
全方位專案管理的              第五階
五階升級修練            第四階   懂佈局
              第三階   求共好
         第二階  看全貌         升遷高階主管
    第一階   專案魂                必學的
    系統腦              不得罪人的  專案集管理
                 不窮忙的  跨部門
         搞定老闆要的 專案管理  專案管理
    管專案就是 專案提案
    管系統
```

管理專案集就像指揮家

專案集經理其實就像是交響樂團的指揮家,除了要確保所有專案進行節奏的正確性,以及掌控專案集路徑發展的流暢性之外,還要確保這些專案的總和對公司來說,可以產生具體的效益(也就是讓觀眾對於整場演出感到很滿意)。

由上述對於專案集經理的角色描述可知,專案經理像是演奏家,而專案集經理像是指揮家。由於兩個角色所需要的職能差異很大,所以好的演奏家,不一定是好的指揮家;好的專案經理,也不一定是專案集經理的合適人選。

加上專案集的成敗，直接關係到組織戰略能否實現，因此國外大企業如亞馬遜（Amazon）、AT&T、IBM 等，不僅設置了「專案集經理」的職級、職稱，更會要求必須由經驗、資歷與管理能力比較好的高階主管來擔任，因為專案集管理關心的重點是：

專案集如何為組織帶來收益或效益

　　可是，收益與效益並不會自然發生，需要進行整體的戰略佈局，建構相應的專案集路徑圖。而且，實現戰略目標的專案集往往執行時間長達 3 至 5 年，所以受到外在環境變化的影響很大。

　　因此，專案集經理必須要能預見外部環境變化的轉折點，在戰略一致性的前提之下，動態地調整專案集的路徑圖，以免預期收益或效益無法達成。但是，專案集路徑圖該怎麼畫？戰略佈局的邏輯又是什麼？這可是有心想往「高階主管」邁進的工作者，需要好好學習的關鍵技能。

　　在這本書裡，我提出兩種專案集管理的邏輯思維，與其相對應的路徑圖繪製方式，並透過亞馬遜的相關案例與我自己親身的專案集管理經驗分享，讓大家更容易理解與活用兩種路徑圖。

專案集管理原則：破框架、懂佈局

專案集戰略 1　掌握籌碼、消除痛點

我們先以亞馬遜「工業用機器人」發展佈局為例，來解說與展現「掌握籌碼」與「消除痛點」，這兩個專案集戰略的思維邏輯。

相關資料主要參考成毛　真（Naruke Makoto）的《amazon稱霸全球的戰略》一書，與《天下雜誌》、《遠見雜誌》在此方面的報導，來繪製專案集的路徑圖。由於這個案例主要目的是讓大家迅速掌握專案集管理佈局的概念，因此適度地簡化工業用機器人的實際發展流程與專業解說。

為了提升倉庫自動化的程度，亞馬遜在2012年併購了自主移動式機器人公司Kiva Systems。

這個併購專案也讓亞馬遜獲得了之後發展工業用機器人的「**關鍵籌碼**」——Kiva機器人，此後在亞馬遜的物流中心內，可以使用Kiva機器人協助搬運貨品，再配合自動化訂單管理系統，有效解決「**貨件處理時間太長**」的痛點，讓整批貨件的處理時間由以往的數小時縮減至30分鐘。

**圖7-1 亞馬遜工業用機器人發展佈局專案集路徑圖
(Kiva Systems公司併購專案)**

```
Kiva Systems【併購專案】  ────►   【籌碼】
                                  自主移動式
痛點：貨件處理時間久                Kiva機器人
```

依據以上資訊，我們可繪製出的專案集路徑圖，如圖 7-1 所示。另一方面，商務人士在使用自家公司的電腦系統時，都需要連結到內部伺服器，例如會計人員要使用財務會計系統，或是業務人員需要客戶資料庫時，都需要連上公司的伺服器才能使用這些系統。

然而，一般公司要建置自己的內部伺服器，往往需要投注大量金錢及耗費數年時間，於是發掘出「**企業建置內部伺服器既花錢又費時的痛點**」之後，亞馬遜便有了發展「雲端服務事業」的發想，並因此誕生了「亞馬遜網路服務公司」（Amazon Web Services，簡稱 AWS）。

圖7-2 亞馬遜工業用機器人發展佈局專案集路徑圖
(雲端服務事業發展專案)

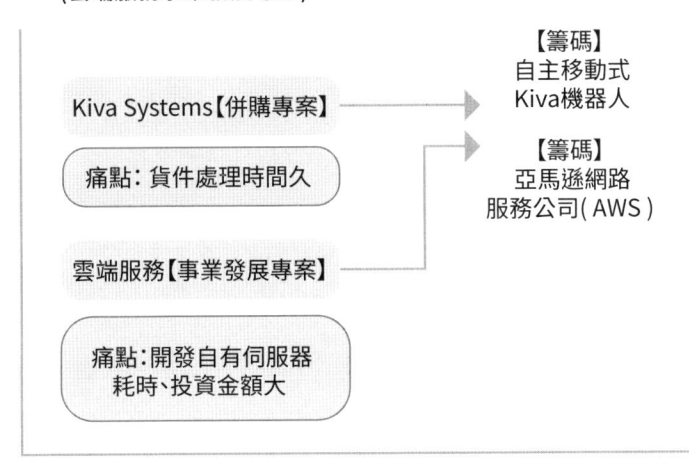

```
Kiva Systems【併購專案】 ──────→ 【籌碼】
                                  自主移動式
                                  Kiva機器人

痛點：貨件處理時間久 ─────┐
                          ↓     【籌碼】
                                亞馬遜網路
雲端服務【事業發展專案】 ──→   服務公司(AWS)

痛點：開發自有伺服器
      耗時、投資金額大
```

　　我們把 AWS 當成一個事業發展專案，不僅提供容量龐大的雲端伺服器，並在線上提供企業各種系統服務，包括運算、儲存、資料庫、網路、資料分析、機器學習和人工智慧、物聯網、資訊安全性等，比起公司使用自行開發的系統來說，AWS 的共享系統服務價格更便宜、性能更好。AWS 已是亞馬遜獲利最高的事業體，營業收益還成為其他事業部門重要的投資金額來源。上述的專案集路徑圖，如圖 7-2 所示。

圖7-3 亞馬遜工業用機器人發展佈局專案集路徑圖
(多元任務與全自動化機器人開發專案)

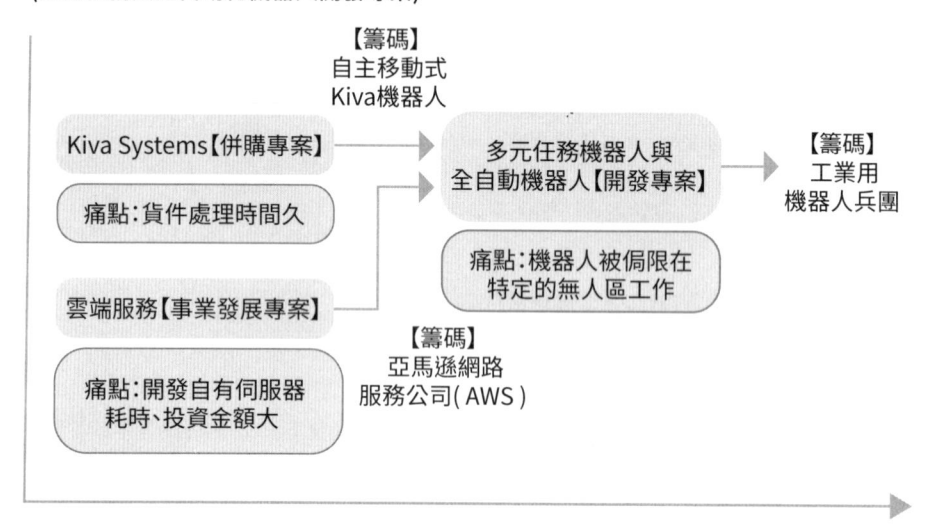

```
Kiva Systems【併購專案】 ──→   【籌碼】
                              自主移動式
痛點:貨件處理時間久              Kiva機器人
                                    ↓
                              多元任務機器人與      →  【籌碼】
                              全自動機器人【開發專案】    工業用
雲端服務【事業發展專案】 ──→                            機器人兵團
                              痛點:機器人被侷限在
痛點:開發自有伺服器              特定的無人區工作
耗時、投資金額大
                              【籌碼】
                              亞馬遜網路
                              服務公司(AWS)
```

　　2012年買下Kiva Systems之後，這十多年間亞馬遜成功打造出可處理多元任務、全自動化的「**工業用機器人兵團**」，這些「已進化」的機器人早已不用被侷限在「特定無人區域」運作，各種不同類型的機器人相遇時還會互相避讓，人類員工與機器人都可以安全地互動與協作了。在機器人「進化」過程中，AWS扮演非常重要的角色。例如，訓練機器人辨識不同貨品，所有貨品資料都存放在AWS資料庫裡；機器人「驅動模型」這類複雜技術，也在AWS系統中進行。

圖7-4 亞馬遜工業用機器人發展佈局專案集路徑圖
(Skild AI公司投資專案)

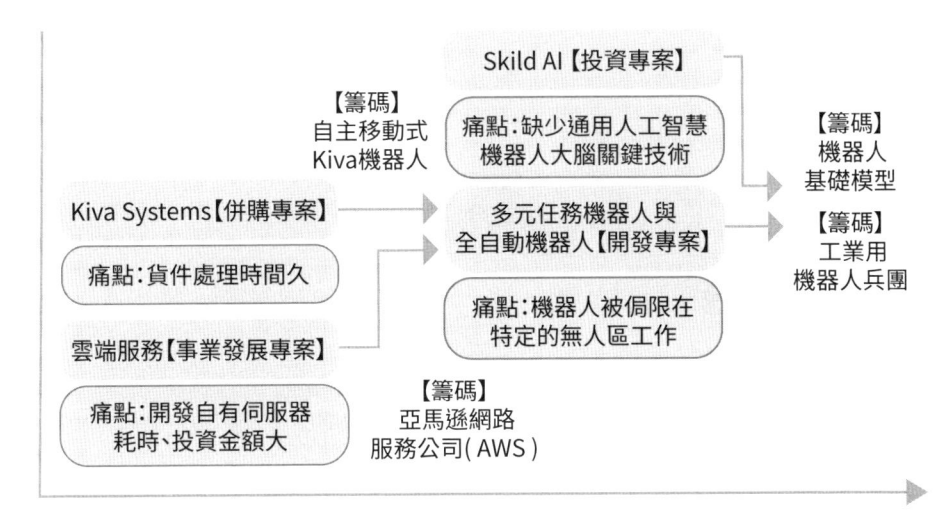

```
                                    Skild AI【投資專案】
                        【籌碼】
                        自主移動式          痛點:缺少通用人工智慧
                        Kiva機器人          機器人大腦關鍵技術         【籌碼】
                                                                    機器人
                                                                    基礎模型
Kiva Systems【併購專案】              多元任務機器人與
                                    全自動機器人【開發專案】         【籌碼】
痛點:貨件處理時間久                                                  工業用
                                                                    機器人兵團
                                    痛點:機器人被侷限在
雲端服務【事業發展專案】              特定的無人區工作

痛點:開發自有伺服器         【籌碼】
耗時、投資金額大           亞馬遜網路
                          服務公司(AWS)
```

「Kiva 機器人」與「AWS 雲端系統服務」，就是亞馬遜工業用機器人兵團的「**關鍵基礎籌碼**」，而「**工業用機器人兵團**」則可視為是一系列相關開發專案的落實。如圖 7-3 所示。

為了讓工業用機器人自由穿梭，亞馬遜投資 Skild AI 公司，發展通用人工智慧機器人（簡稱 AGI 機器人）。Skild AI 主要是構建機器人基礎模型，也就是 AGI 機器人的「大腦」，而這個投資專案就是要解決亞馬遜「**缺少 AGI 機器人關鍵技術的痛點**」，專案集路徑圖如圖 7-4 所示。

圖7-5 亞馬遜工業用機器人發展佈局專案集路徑圖
(通用人工智慧工業用機器人開發專案)

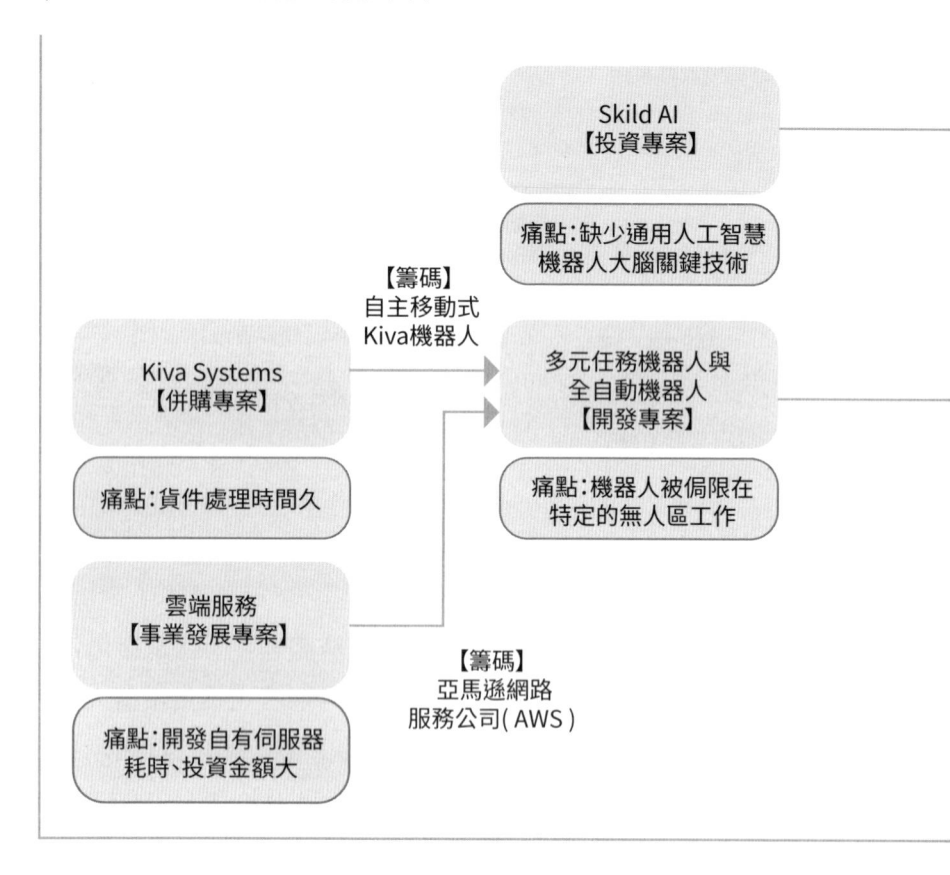

```
                                              ┌──────────────────┐
                                              │    Skild AI      │
                                              │   【投資專案】    │
                                              └──────────────────┘
                                                      │
                                              ┌──────────────────┐
                                              │ 痛點:缺少通用人工智慧│
                                              │ 機器人大腦關鍵技術  │
                                              └──────────────────┘

                       【籌碼】
                     自主移動式
                     Kiva機器人
   ┌──────────────┐                    ┌──────────────────┐
   │ Kiva Systems │ ─────────────▶    │ 多元任務機器人與  │
   │  【併購專案】 │                    │  全自動機器人     │
   └──────────────┘ ─────────────▶    │   【開發專案】    │
                                        └──────────────────┘
   ┌──────────────────────┐           ┌──────────────────┐
   │ 痛點:貨件處理時間久   │           │ 痛點:機器人被侷限在│
   └──────────────────────┘           │ 特定的無人區工作  │
                                        └──────────────────┘
   ┌──────────────┐
   │  雲端服務     │
   │ 【事業發展專案】│
   └──────────────┘
                       【籌碼】
                     亞馬遜網路
                    服務公司(AWS)
   ┌──────────────────────┐
   │ 痛點:開發自有伺服器   │
   │ 耗時、投資金額大      │
   └──────────────────────┘
```

　　一旦掌握了「機器人基礎模型」與「工業用機器人兵團」這兩項「關鍵基礎籌碼」，相信亞馬遜的下一步，就是開展「通用人工智慧工業用機器人」的事業體了。

【籌碼】
機器人基礎模型

【籌碼】
通用人工智慧工業用機器人兵團

通用人工智慧
工業用機器人
【開發專案】

【效益】
不斷提升物流效率
與成本大幅下降

【籌碼】
工業用機器人兵團

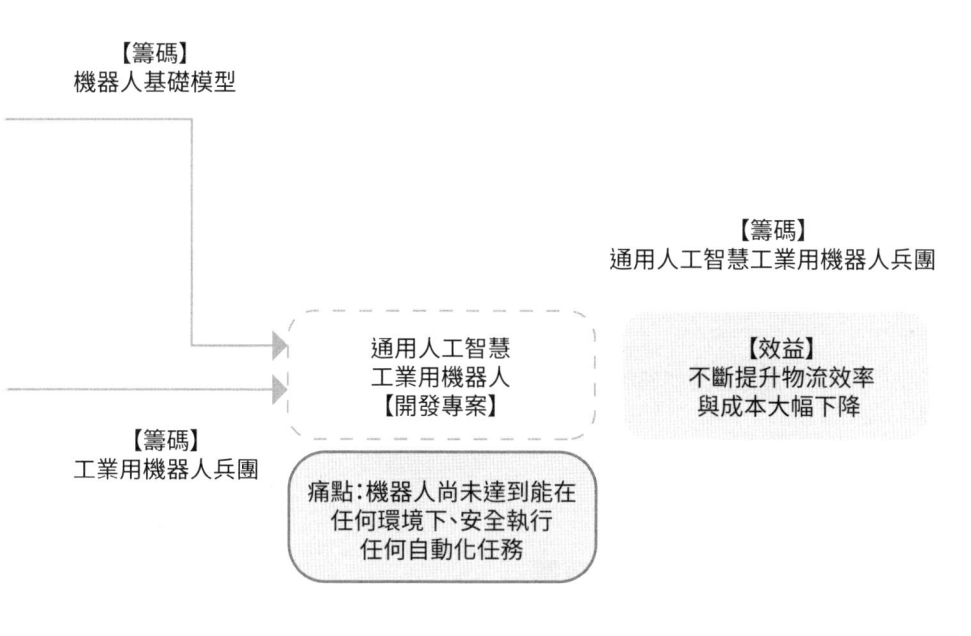

痛點：機器人尚未達到能在任何環境下、安全執行任何自動化任務

　　如此，以「併購專案」、「事業發展專案」、「投資專案」、「開發專案」所構成的亞馬遜工業用機器人發展佈局的專案集路徑圖，就如圖 7-5 所示。

圖7-6 跨領域發展佈局專案集路徑圖(資格證明專案)

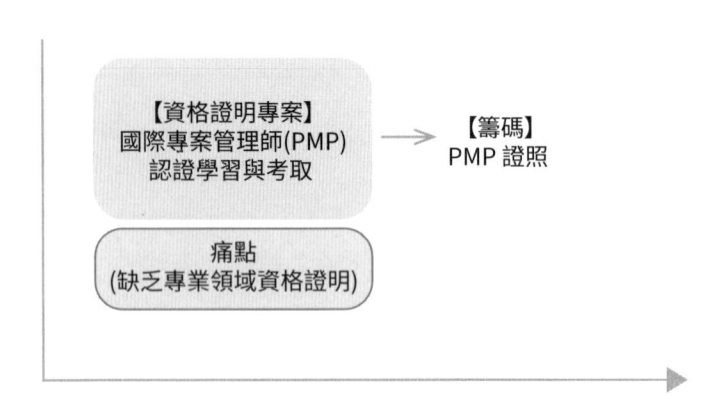

```
【資格證明專案】
國際專案管理師(PMP)  →  【籌碼】
認證學習與考取            PMP 證照

痛點
(缺乏專業領域資格證明)
```

實例應用：個人職涯發展

專案集管理的原則也很適用於個人職涯發展上，以我自己為例，雖然學的是工程，但一直對「管理」很有興趣，也希望「管理」能成為專長之一，為我帶來具體的效益。那要如何在最短時間與最小花費下，讓他人認同我有「管理」的專業能力呢？我的第一個痛點，就是缺少「管理」領域的資格證明，因此我執行了一個「資格證明專案」，利用工作之餘上課與讀書，花了半年取得國際專案管理師（PMP）的證照，前述專案集路徑如圖 7-6 所示。

圖7-7 跨領域發展佈局專案集路徑圖(活用證明專案)

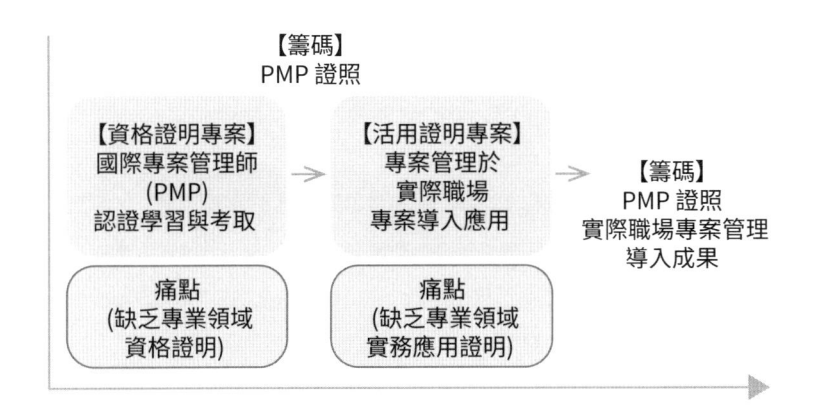

```
                【籌碼】
                PMP 證照
  ┌──────────────┐    ┌──────────────┐
  │【資格證明專案】│    │【活用證明專案】│    ┌──────────────┐
  │國際專案管理師 │ →  │ 專案管理於    │ →  │   【籌碼】    │
  │   (PMP)      │    │  實際職場     │    │  PMP 證照    │
  │認證學習與考取 │    │ 專案導入應用  │    │實際職場專案管理│
  └──────────────┘    └──────────────┘    │  導入成果    │
                                           └──────────────┘
  ┌──────────────┐    ┌──────────────┐
  │    痛點      │    │    痛點      │
  │(缺乏專業領域 │    │(缺乏專業領域 │
  │  資格證明)   │    │實務應用證明)│
  └──────────────┘    └──────────────┘
```

　　有了 PMP 證照這個籌碼後，讓我對把「管理」化為專長之一，為自己帶來具體效益這件事，產生了底氣。

　　接下來，就針對第二個痛點——缺少「專案管理」的實務應用證明，開始著手改善。我規劃執行了一個「**活用證明專案**」，導入「專案管理」專業技能，應用在我實際執行的政府、企業、大學的專案計畫中，而這些專案計畫產出的「結案報告」、「績效成果」，就成為我對外呈現「活用專案管理能力」的最佳證據。前述的專案集路徑圖，如圖 7-7 所示。

圖7-8 跨領域發展佈局專案集路徑圖(能見度提升專案)

```
                         【籌碼】
                         PMP 證照

   ┌─────────────────────┐      ┌─────────────────────┐
   │  【資格證明專案】     │      │  【活用證明專案】     │
   │  國際專案管理師(PMP)  │ ───► │  專案管理於實際職場   │
   │  認證學習與考取       │      │  專案導入應用        │
   └─────────────────────┘      └─────────────────────┘
   ┌─────────────────────┐      ┌─────────────────────┐
   │       痛點           │      │       痛點           │
   │ (缺乏專業領域資格證明) │      │(缺乏專業領域實務應用證明)│
   └─────────────────────┘      └─────────────────────┘
```

然而，空有一身好本領卻無人知曉，就沒有更大的發揮空間。接下來要解決第三個痛點就是——缺少專業領域的人脈與知名度。為此，我規劃了一個「**能見度提升專案**」。

運用「PMP 證照」這個籌碼，我得以加入專案管理相關學會，實際參與志工服務；而「職場專案管理導入成果」這個籌碼，則讓我有具體成果能報名專案管理領域競賽。此外，由於擔任多屆學會幹部，並獲得許多競賽獎狀，讓我在專案管理領域的能見度越來越高，為我帶來演講、工作坊、教育訓練的實質效益。前述專案集路徑圖，如圖 7-8 所示。

【籌碼】
PMP 證照、
實際職場專案管理導入成果

【籌碼】
PMP 證照、
實際職場專案管理導入成果、
學會幹部、競賽得獎獎狀

【能見度提升專案】
專案管理相關學會的
加入服務與競賽參與

【效益】
專案管理相關演講、
工作坊、教育訓練邀約

痛點
(缺乏專業領域人脈與知名度)

　　試著想一想，如果「資格證明專案」、「活用證明專案」、「能見度提升專案」，這三個不同類型的專案同步執行，看似可以節省很多時間，但其實每一個專案都不容易成功，還可能面臨失敗，更不用說產生多方邀約的綜效。這也是呼應了「專案集管理」的定義與重要性，就是：

・將有相依關係的多個專案，
・進行整體性的監控和治理，
・以達成單獨執行這些專案無法達成的效益。

專案集戰略 2　優化與轉型

談到跟戰略思維有關的經典書籍，就不得不提《孫子兵法》。在《孫子兵法》〈軍形〉篇中說道：

「昔之善戰者，先為不可勝，以待敵之可勝。」

「不可勝者，守也；可勝者，攻也。」

這兩段話的意思就是：

「從前善於指揮作戰的人，先要創造不被敵人戰勝的條件，然後等待可以戰勝敵人的有利時機。」

「想要不被敵人戰勝，在於我方防守嚴密；想要戰勝敵人，在於我方進攻得當。」

轉換成現代的說法，就是：

・先為不可勝（創造不被敵人戰勝的條件）

・不可勝者，守也（不被敵人戰勝在於我方防守嚴密）

這兩個概念很類似於「**優化**」，也就是企業應用新工具和新技術，來提升其營運效能或強化客戶體驗，讓自己不被現有市場競爭所淘汰。

另一方面，以企業運作上來說：

・以待敵之可勝（等待可戰勝敵人的有利時機）

・可勝者，攻也（想要戰勝敵人在於我方進攻得當）

這兩個概念也很類似於「**轉型**」，也就是一旦發現有利的時機來臨，企業先行利用新工具和新技術，來開發新產品或新服務，隨後大舉向市場推出新的商業模式以創造收益。就像 AWS 系統服務一開始是為了讓內部零售事業更順暢，後來向外提供服務，竟成為亞馬遜獲利最高的事業體。

　　為了讓大家更快掌握企業「優化」和「轉型」戰略的專案集路徑圖，我們沿用亞馬遜工業用機器人發展佈局的例子。前述所說「Kiva Systems 公司併購專案」、「雲端服務事業發展專案」、「多元任務機器人與全自動化機器人開發專案」的實施，其實屬於「先為不可勝，守也」的優化階段；其目的就是應用「Kiva 機器人」與「AWS」來開發出第一代的「工業用機器人兵團」，以提升亞馬遜自身的物流效率、大幅降低成本。

　　至於，如果到了實施「工業用機器人服務事業發展專案」的階段，就是屬於「以待敵之可勝，攻也」的轉型階段了，其目的就是發現因應更加嚴峻的大缺工時代，先應用「工業用機器人兵團」來發展出新服務，隨後可以大舉向市場推出這項新服務事業來創造營業收益。前述的專案集路徑圖，如圖 7-9 所示。

圖7-9 亞馬遜「先為不可勝，以待敵之可勝」佈局的專案集路徑圖

《先為不可勝，守也》

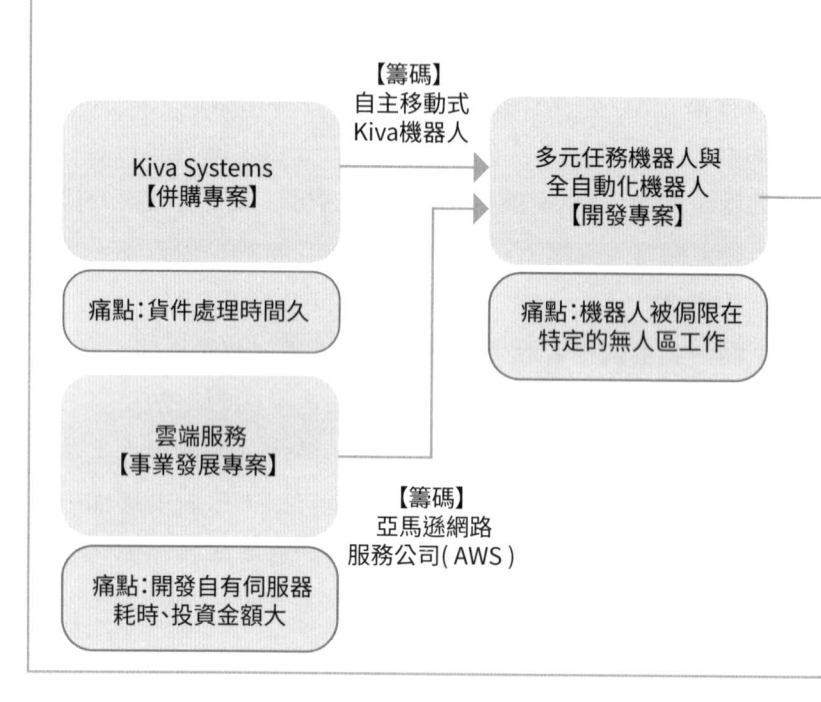

【籌碼】
自主移動式
Kiva機器人

Kiva Systems
【併購專案】

痛點：貨件處理時間久

雲端服務
【事業發展專案】

痛點：開發自有伺服器
耗時、投資金額大

多元任務機器人與
全自動化機器人
【開發專案】

痛點：機器人被侷限在
特定的無人區工作

【籌碼】
亞馬遜網路
服務公司（AWS）

《以待敵之可勝，攻也》

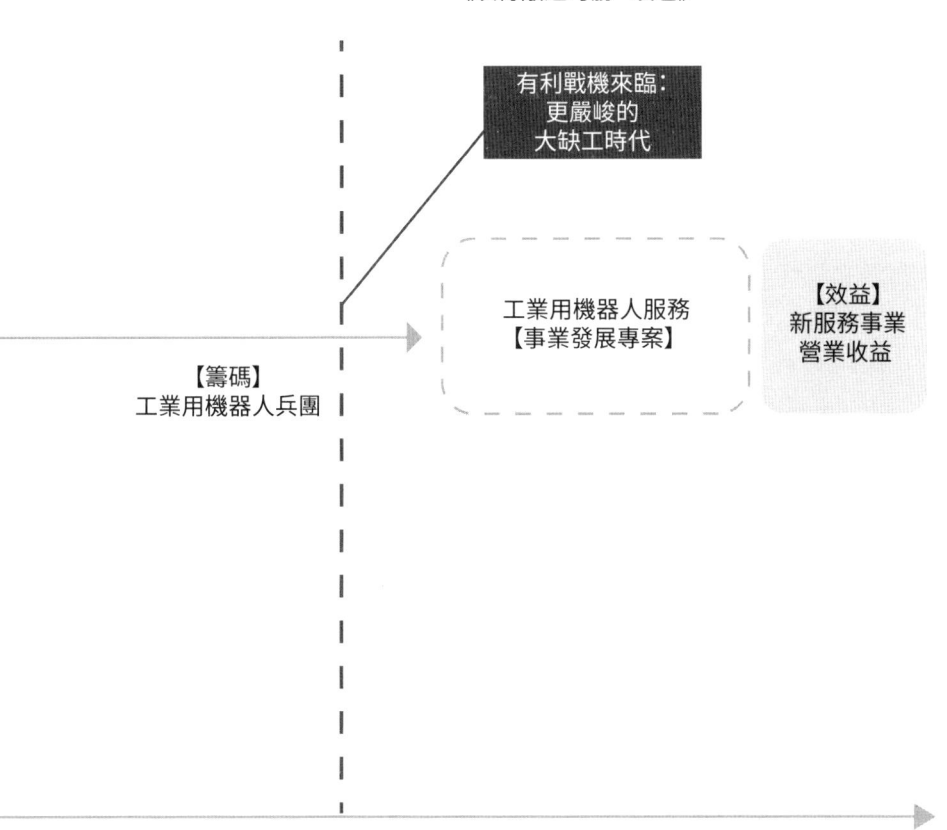

有利戰機來臨：
更嚴峻的
大缺工時代

工業用機器人服務
【事業發展專案】

【效益】
新服務事業
營業收益

【籌碼】
工業用機器人兵團

實例應用・整合型政府專案

我曾執行過的政府整合型計畫，其管理過程就類似「先為不可勝，以待敵之可勝」的專案集佈局邏輯。

由於整合型計畫長達三年，通常第三年才會有完整的模型分析結果或功能資訊系統。要如何在第一、二年無法看到具體全貌的成果或系統下，讓主辦方還願意推動下一年度的計畫，或是不任意變更計畫的原有發展方向，便是擔任這個專案集管理者的第一要務了。

所以在心態上，「先為不可勝，守也」，就是要想辦法**「守好」**第二年與第三年的計畫，會發生「半路中止」或「工作內容被大幅調整修改」的情形。然後「以待敵之可勝，攻也」，就是到了執行第三年計畫時，就要好好思考，怎麼做才能「**超越**」利害關係人的期望。

有鑑於此，通常我在規劃第一年計畫的執行過程中，就會思考可以多做什麼工作，**產出額外的間接效益**。例如，是不是嘗試導入新方法或新思維於計畫中，讓「**導入效果**」成為第一年成果的亮點之一，以利主辦單位支持辦理第二年計畫，如圖 7-10 的專案集路徑圖所示。

圖7-10 三年整合型計畫的專案集路徑圖(第一年計畫)

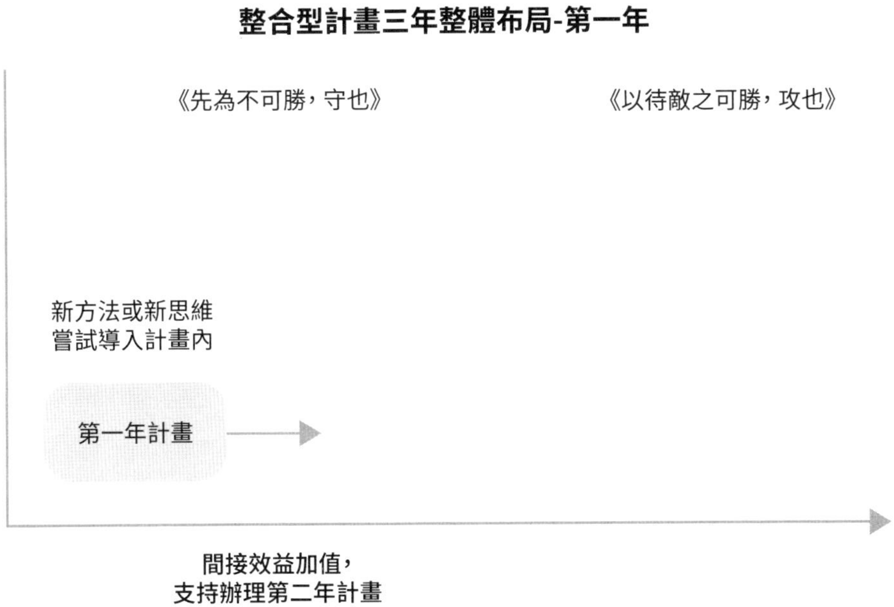

整合型計畫三年整體布局-第一年

《先為不可勝，守也》　　　　　　《以待敵之可勝，攻也》

新方法或新思維
嘗試導入計畫內

第一年計畫 ➡

間接效益加值，
支持辦理第二年計畫

　　第二年則是規劃，如何讓第一年間接效益範圍擴大。例如，主動辦理新思維或新方法的教育訓練，讓更多計畫相關利害關係人能受益，讓「培訓績效」為第二年成果的亮點之一，以利主辦單位支持辦理第三年計畫，如圖 7-11 所示。

Chapter 7　晉升高管必學的專案集管理──破框懂佈局　　203

圖7-11 三年整合型計畫的專案集路徑圖(第二年計畫)

整合型計畫三年整體布局-第二年

《先為不可勝，守也》　　　　　《以待敵之可勝，攻也》

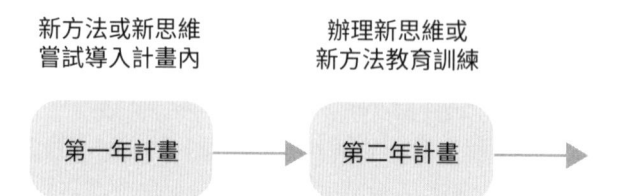

新方法或新思維
嘗試導入計畫內

辦理新思維或
新方法教育訓練

第一年計畫 → 第二年計畫 →

間接效益加值，
支持辦理第二年計畫

間接效益加值，
支持辦理第三年計畫

當這個案例的有利時機來臨，也就是第三年計畫確認執行，就要以「超越」利害關係人的期望為目標，來規劃新思維或新方法的應用成果要投稿哪些國內外研討會，藉由研討會發表來提升整合型計畫的「能見度」，讓專案集產生物超所值的效益。如圖 7-12 的專案集路徑圖所示。

圖7-12 三年整合型計畫的專案集路徑圖(第三年計畫)

整合型計畫三年整體布局-第三年

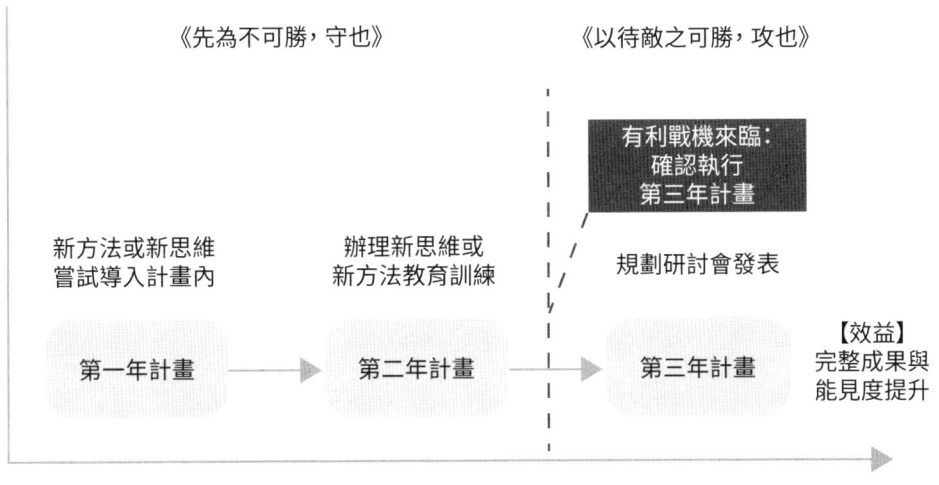

《先為不可勝，守也》　　　　　《以待敵之可勝，攻也》

有利戰機來臨：
確認執行
第三年計畫

新方法或新思維　　　辦理新思維或　　　規劃研討會發表
嘗試導入計畫內　　　新方法教育訓練

第一年計畫　→　第二年計畫　→　第三年計畫　　【效益】
完整成果與
能見度提升

間接效益加值，　　　間接效益加值，
支持辦理第二年計畫　支持辦理第三年計畫

※ 全方位 PM 實戰練習 ※

　　如果你想斜槓成為某一個新興領域的講師，請利用本章介紹的專案集路徑圖與參考案例，嘗試規劃你需要落實那些專案、各專案將各自消除什麼痛點、又會產出什麼重要的籌碼，以及這個專案集將可能達成的效益。

☐ 跨領域發展專案集路徑圖

【籌碼】

本章案例：PMP 證照

【籌碼】

本章案例：
PMP 證照、實際職場
專案管理導入成果

【資格證明專案】

本章案例：
國際專案管理師（PMP）
認證學習與考取

【活用證明專案】

本章案例：
專案管理於實際職場
專案導入應用

痛點

（本章案例：
缺乏專業領域資格證明）

痛點

（本章案例：
缺乏專業領域實務
應用證明）

【籌碼】

本章案例：
PMP 證照、實際職場
專案管理導入成果、
學會幹部、競賽得獎獎狀

【能見度提升專案】

本章案例：
專案管理相關學會的
加入服務與競賽參與

【效益】

本章案例：
專案管理相關演講、
工作坊、教育訓練邀約

痛點

(本章案例：
缺乏專業領域人脈
與知名度)

Chapter 8

大缺工時代的組織專案管理
——三招起手式

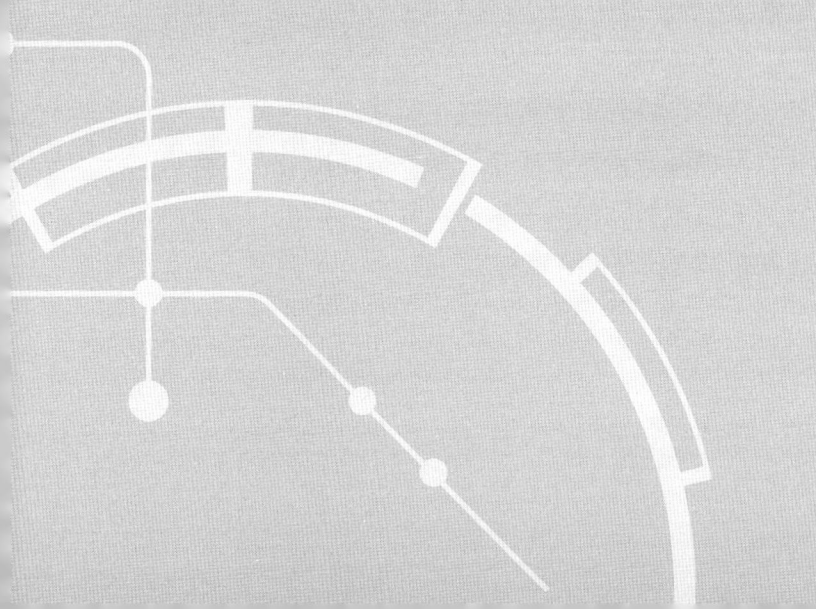

外部環境多變，導致公司裡的專案越來越多、難度越來越高，但同時間缺工問題越來越嚴重，該怎麼因應？相信以上情況是所有組織管理者（Manager）正在面臨的難題。面對大缺工時代的組織專案管理，我提出三個解決方案。

方案 1：有效留存專案管理 Know-How

專案管理對於組織最重要的目的，就是希望做專案不要總是「因人而異」。因人而異，這代表著組織內的專案成果與利潤呈現不確定的狀態，同時也會對專案經理的生活品質造成嚴重影響。

當專案的全貌只有專案經理一個人知道，這種成敗全「押注」在一人身上的專案管理模式，很容易造成越會管專案的人，工作越辛苦。因為能者多勞，就會發生專案經理放假時，隨時都有可能要回公司「坐鎮」，或是在休息中不斷地被來電「騷擾」，對於那些「有能者」來說，無疑是一種變相式處罰。

另外，我們在觀看美國影集時，只要演到「裁員」這件事，就會出現被裁員者拿著紙箱、馬上被請離公司的畫面。可是為什麼在台灣被裁的人不但無法馬上離開公司，甚至還得待上好幾週來處理交接事宜呢？

還有，所謂離職交接，到底是交接「做事的 Know-How」，還是交接「行政事務」呢？如果接任者沒有獲得 Know-How，就等於在工作上沒有即戰力，接下來得花更多的時間來摸索與學習，這些其實都算是組織的隱藏性成本。這也是為什麼專案管理 Know-How「統一保存與再利用」，對於組織會這麼重要的原因了。

至於該怎麼保存專案管理 Know-How 呢？如果組織內統一採用前面章節所介紹的「章魚頭系統思考圖」、「原因樹分析」、「WBS 工作分解圖」、「ITTO 圖」、「一頁式提案書」、「專案集路徑圖」等，其實都很適合做為專案管理 Know-How 保存的工具。因為這些工具不僅幫助專案經理如期、如質、如預算，穩定交付產品或服務給客戶，同時更兼具「**一頁呈現全貌**」的特性。

方案 2：打造新世代的工作環境

缺工的另一個關鍵原因，就是組織留不住新世代員工。

如何有效領導新世代員工，已是任何組織都要面對重要且迫切的課題了。由於台灣現階段面臨高齡化、少子化的職場問題，日本在許多年前就已經發生了，所以日本的處理經驗相當值得我們借鏡與學習。

圖8-1 主管想要提升新世代員工工作熱忱的章魚頭系統思考圖

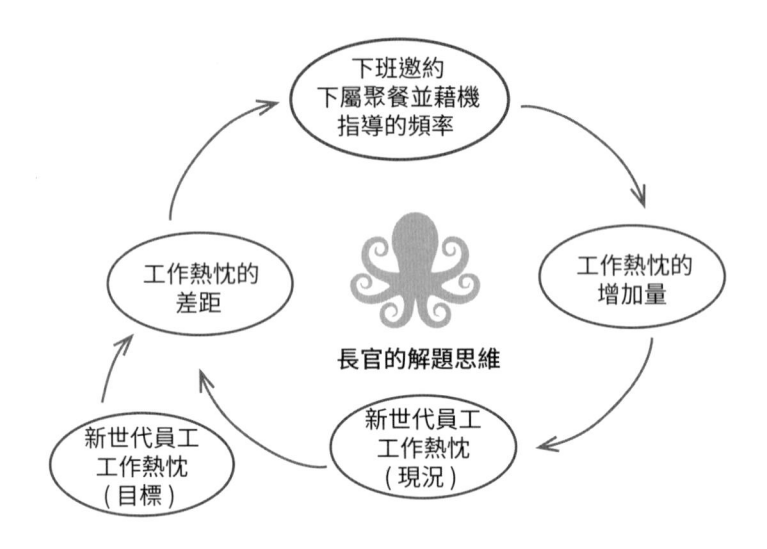

（圖中環狀流程：下班邀約下屬聚餐並藉機指導的頻率 → 工作熱忱的增加量 → 新世代員工工作熱忱（現況）→ 新世代員工工作熱忱（目標）→ 工作熱忱的差距 → 下班邀約下屬聚餐並藉機指導的頻率；中心：長官的解題思維）

日本行為科學管理專家石田淳，在其著作《這樣下指令任誰都可以動起來》一書中提到，有一個日本企業的主管，為了和新世代員工交心，就請對方喝酒，還分享了心中的期許。結果第二天，那人就離職了。

為什麼主管如此用心良苦，卻演變成員工離職的加速器呢？我們把上述案例繪製成章魚頭系統思考圖，如圖 8-1。

圖8-2 對策影響新世代員工的八爪章魚覓食系統思考圖(一)

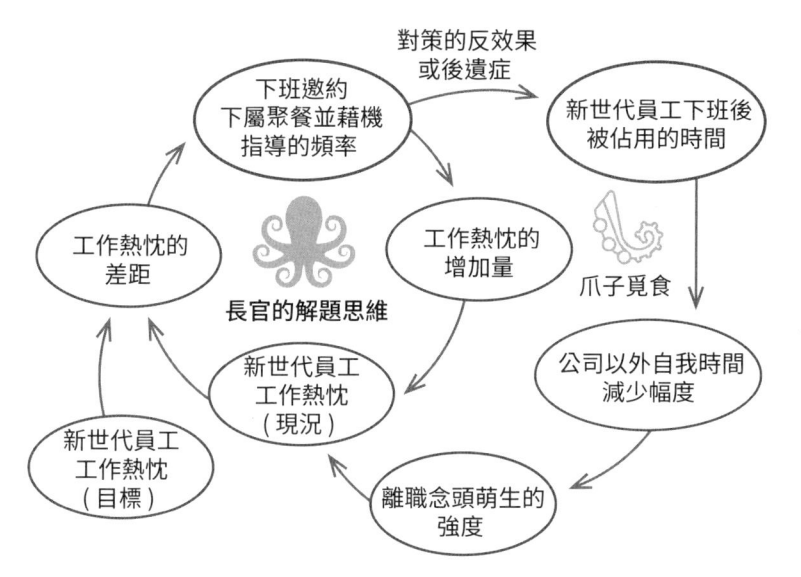

原來，新世代不求升遷，而是強調**「自己的時間」報酬**，**遠勝於「金錢」報酬**。對現在的年輕世代來說，能夠擁有工作以外自己的時間，才是最重要的一件事。所以，一旦主管時常邀約同仁下班聚餐，並藉機指導的頻率越高，就會被新世代員工認為，他們下班之後「被佔用」的時間越多，而工作以外自我時間的減少，也嚴重地影響他們跨領域斜槓發展，進而萌生離職的念頭，如圖 8-2 所示。

為什麼新世代這麼在乎自己的時間呢？

其原因在於，他們才進入職場就直接面對「動態複雜」的大環境，像是疫情、氣候變遷、地緣政治風險、通貨膨脹、AI 科技……甚至是不知道隨時會從哪裡冒出來的新名詞，規劃好的目標也隨時都會被這些具有不確定性的外部議題干擾、打亂。漸漸地，「活下去」與「自保」對他們來說，可能才是更落地、更務實的目標。因此，尤其是在新世代強調自我意識的情況下，如果主管處處想要同化對方，反而留不住人。

另一方面，過去主管處於一個細節複雜、但大環境穩定的狀態中，產品和服務傾向大量一致性，由於結局可預見，所以解決問題就類似於「拼圖」，解題重點會放在「拚速度與降成本」。

但現在的新世代，處在一個動態複雜且不穩定的大環境中，產品服務傾向少量多樣性，因為結局難以預見，解決問題就類似「下棋」，解題重點會放在「價值創新與持續變革」。當主管想用過去的「拼圖」經驗，來指導新世代員工如何面對「下棋」的問題時，很容易讓他們認為長官對新事物、新方法的學習程度很低，進而對主管失望，萌生退意，如圖 8-3 所示。

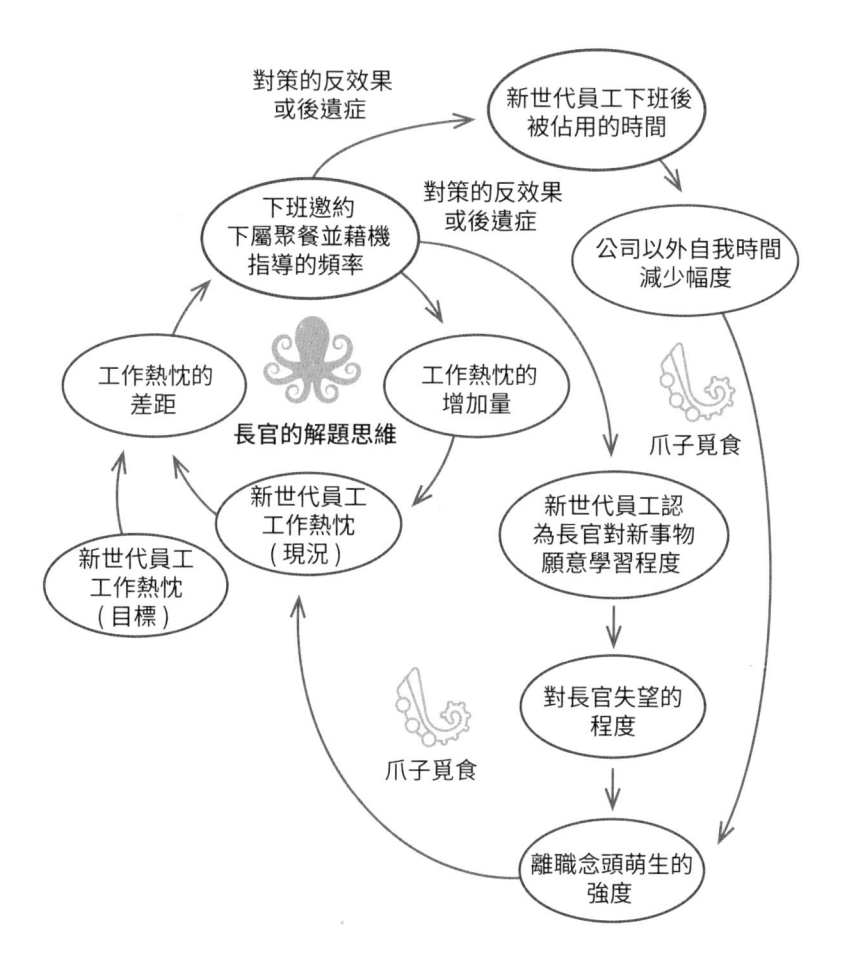

圖8-3 對策影響新世代員工的八爪章魚覓食系統思考圖(二)

```
                對策的反效果              新世代員工下班後
                或後遺症                  被佔用的時間
                        ↘              ↗        ↓
            下班邀約           對策的反效果        公司以外自我時間
            下屬聚餐並藉機     或後遺症           減少幅度
            指導的頻率
         ↗         ↘                              爪子覓食
    工作熱忱的      工作熱忱的
    差距          增加量
     ↑      長官的解題思維                  新世代員工認
     ↑              ↘                     為長官對新事物
    新世代員工       新世代員工              願意學習程度
    工作熱忱        工作熱忱                     ↓
    （目標）        （現況）                 對長官失望的
                     ↑                      程度
                爪子覓食                        ↓
                                            離職念頭萌生的
                                            強度
```

其實，新世代員工為了擁有更多「自己的時間」，很願意學習能消除職場「窮忙」的新科技與新方法。因此，面對新世代員工或專案團隊成員，不該一味抱怨其工作態度不佳，而是應該想想如何打造一個「不窮忙的職場環境」來吸引他們。前面章節所介紹的「章魚頭系統思考圖」、「原因樹分析」、「WBS工作分解圖」、「ITTO圖」、「一頁式提案書」、「專案集路徑圖」等，都是擺脫窮忙的有效方法。將這些方法在組織內大規模導入，並嘗試深化為每個員工的工作習慣，就能塑造出對新世代友善的工作環境。

方案3：發展專案管理辦公室（PMO）

為了讓專案管理Know-How能系統性、持續性地有效留存，與塑造不窮忙的職場環境，建置統一管理專案的「專案管理辦公室」（Project Management Office，簡稱PMO），對企業來說是一件刻不容緩的事情。

因應大缺工時代而生的PMO功能如下：

1. 提升整體專案管理的成熟度

系統思考除了是一種依循「專案為何而做」，以及「專案如何去做」的思考方法以外，也應該要變成同仁在進行專案

溝通時的「共同語言」。

　　所以 PMO 的首先功能，就是要逐步「落實」專案管理和系統思考的教育訓練，制定相關的獎勵或競賽，讓組織內每一位同仁都願意主動使用，才能養成習慣。接著 PMO 也必須融合公司文化與這些方法，規劃出適合公司永續發展的組織專案管理制度。

2. 動態高效的專案存滅決策

　　面對瞬息萬變的市場佔有率、商業發展趨勢、顧客消費習慣，唯一不變的生存準則就是「變」，而專案成立就是為了落實「改變」。只不過，組織要開專案容易，但要毅然決然地中止或取消造成窮忙的專案，就需要 PMO 的裁決了。所以，PMO 必須隨時評估在公司戰略目標中，各項專案：

- 扮演什麼關鍵角色？
- 具有多大的價值？

　　建議 PMO 成員裡面，至少要有一至兩位的高階主管，因為 PMO 成員需要具備以下能力：

- 掌握公司第一手戰略的發展走向
- 主宰專案存滅的權力

3. 優化人力資源與 AI 適度導入

美國軟體工程師暨 IBM System/360 系統之父佛瑞德・布魯克斯（Fred Brooks）的著作《人月神話》一書中提到，「增加人力到一個落後的軟體專案，只會使其更落後。」

這就是著名的布魯克定律（Brooks's Law）。

一般公司常以為，投入的人力數量增加，專案工期就會縮短；反之，投入的人力數量下降，專案工期就會延長。實際上，專案工作的績效的確會受到人力素質的影響，但徒增欠缺經驗的新手，或是不適任的人員執行專案，不僅無助於進度落後的問題，對專案經理來說反而是「提油救火」，尤其是跨部門專案，布魯克定律的問題更為明顯。

高素質人力，相信每位專案經理都想擁有，然而一旦組織中有多個專案同時執行，就會發生「資源搶奪」的衝突。所以 PMO 重要的工作之一也包括在資源衝突時：

- **如何安排高素質人力在各專案的支援時間**
- **如何把公司同仁優化成高素質人力**

另一方面，將 AI 適度導入專案管理，也是 PMO 的新課題。目前 AI 依功能分類有 4 種：辨識型、預測型、對話型、

執行型。PMO 可以依其不同的功能屬性，應用在與專案相關的圖表製作、報告生成、預測分析、進度與風險監控、會議記錄整理、資料搜集等工作上。

但要切記，AI 導入是以「有效協作」為規劃方向，因為導入 AI 的目的，是讓專案經理從「管事」與「做事」中解脫，有更多精力放在滿足利害關係人期望與需求上，千萬別刻意「為 AI 而 AI」。

在未來人人都是專案經理的情況下，請記得：

同維競爭，惡性循環；
跨維競爭，彎道超車。

時代升級，專案管理要升級，PMO 的角色更要升級。

※ 全方位 PM 實戰練習 ※

　　請選擇一個你曾管理或協助過的專案,運用下方提供的空白八爪章魚覓食系統思考圖,練習以「八爪章魚覓食術」,分析此專案對利害關係人的影響,並擬定相應的配套方案。

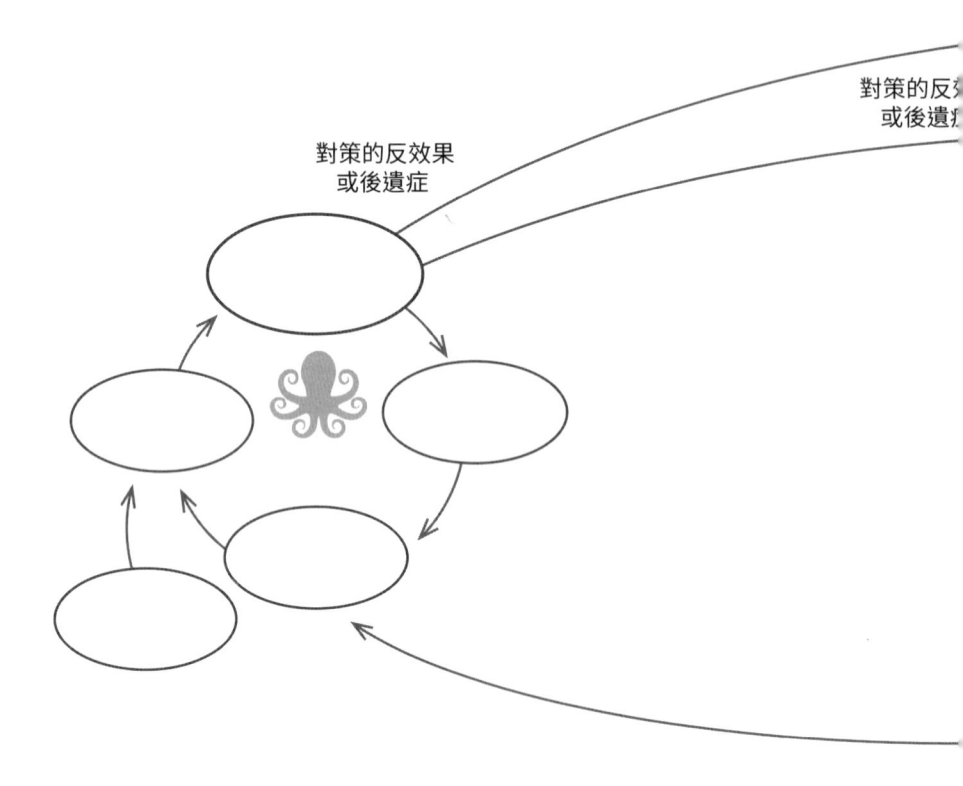

對策的反效果
或後遺症

對策的反效果
或後遺症

爪子覓食

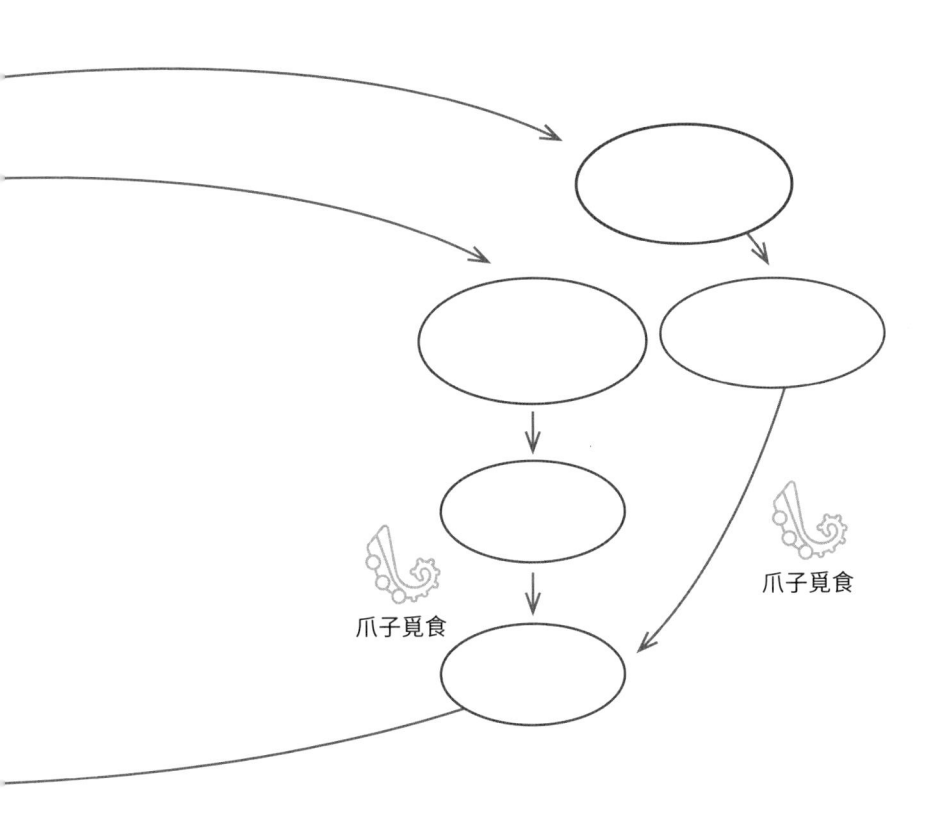

爪子覓食

Chapter 8　大缺工時代的組織專案管理─三招起手式　221

Chapter 9

不做低效努力!
成功專案的五大祕訣

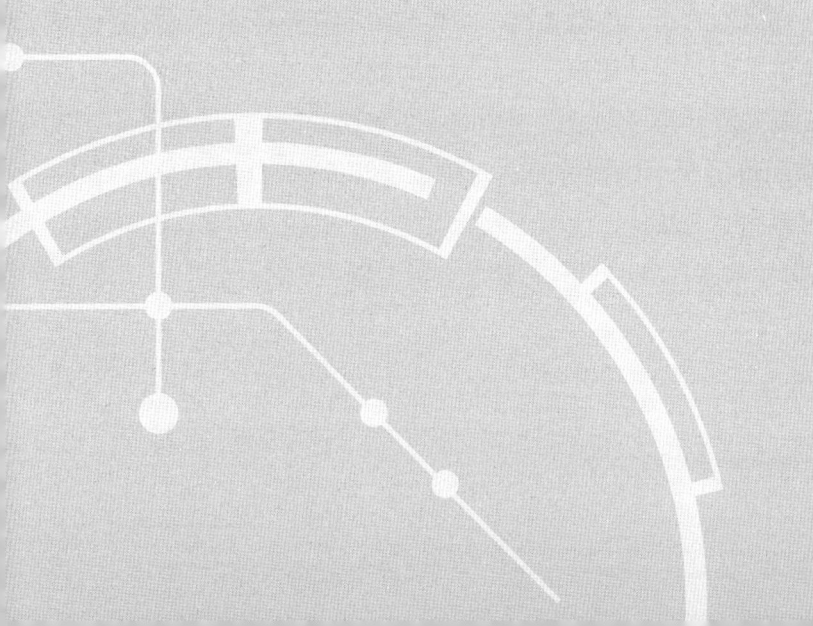

要培養一位全方位的專案管理經理，實戰經驗是非常重要的，所以我特地從自己長期在專案管理領域累積的實戰經驗中，整理出五個成功達標（甚至超標）的專案管理私房祕訣。這五大祕訣涉及系統思考、團隊領導的工作方法，希望有助於大家在管理專案時，更快地順利完成手上專案，超前達標。

祕訣 1　少開會、懂解題

有一回我到企業專題演講，演講後公司高階主管很興奮地問我：「楊老師，您知道嗎？每次做專案，我們都花很多時間在開會上，甚至有些會議的結論是在決定下一次何時再召開會議！今天聽完您演講，似乎感覺專案管理與系統思考可以大大提升我們的開會效率。」

其實，冗長與頻率過高的會議，應該是所有「專案人」的惡夢。更可怕的是，位階越高、規模越大、惡夢越多。

很多專案會議至少需要 1.5 小時才能開完，這 1.5 小時可以分成三個階段。第一階段的半小時，大多是「回憶」，如果上次會議距離這次，已超過一個月以上，那大家可能早已忘記上次會議內容在談什麼了。

「回憶」會議內容的工具，就是會議記錄。

由於會議紀錄的呈現方式主要是文字，文字不像圖表，很難馬上恢復完整的會議記憶。等到大家都想起來上次會議討論的議題，時間就已經悄悄地過了半個小時。

　　接著第二個階段的半小時，大多是在做「議程討論」，因為文字較難呈現專案全貌，容易在邏輯上發生以偏概全的誤解，於是討論就淪為瞎子摸象，造成失焦並離題，而此時時間又悄悄地過了半個小時。

　　至此，整體開會時間已耗費一個小時，很多跨部門來支援專案的同仁也有要回自己單位上班的壓力，於是專案經理只好趕快做出本次會議結論，至於無法收斂或達成共識的事項，再度留到下次會議來處理。所以第三個階段的半小時，就在協調「下一次開會」大家都能來的時間與地點。至於每次專案會議該推進的速度呢？最後為了如期、如質、如預算，只能靠加班來解決了。

　　假設上述的三階段專案會議，每次都要重演一遍，相信專案團隊成員就會開始想盡辦法，用各種「看似合理」的藉口不來參加會議，最後你的專案會議人數會越來越少，然後身為專案經理的你只能三聲無奈，開始抱怨團隊都叫不動，讓專案進度老是落後……該怎麼擺脫開會沒結論、專案沒進度的窮忙輪迴呢？

前幾章，我們介紹了很多工具都是「一頁紙」的概念，這一頁紙不是寫滿文字，通常都是以一張圖或一張表看見全貌的工具，藉由這些圖表，團隊只要花幾分鐘就能恢復上次會議的完整記憶，可以省下第一階段的半小時，直接進入第二階段的議題討論。

幾乎 60% 以上的會議討論，重點都是在「解決問題」，所以主宰第二階段議題討論是否有效率的就是「解題能力」，而解題的重點在於能否找出問題發生的關鍵原因。藉由之前分享的各種不同管理功能的一頁式圖表，比較容易找出關鍵原因，讓大家馬上就能聚焦會議的研討重點，一起集中火力找出解決對策或配套方案。

另一方面，專案經理要訓練自己在規定時間內，做出必要的決策，以及處理完所有的待辦事項，避免衍伸出「會後會」，第三階段的半小時浪費自然就會消失。

> 控制專案會議時間 3 原則：
> 1. 利用一頁式圖表看全貌，代替文字會議紀錄
> 2. 利用一頁式圖表找出關鍵原因，聚焦解決對策
> 3. 將每次專案會議控制在 20-30 分鐘
> >>> 在有限的時間內，實現專案價值最大化

請記得，專案具有「暫時性」，要把時間用於其他更重要的任務上，懂得在有限的時間內，實現專案價值最大化，才是一位稱職成功的專案經理。所以最好把專案會議時間控制在 20 至 30 分鐘左右，讓大家覺得開專案會議，好像只是走到茶水間拿杯咖啡，順便跟同事閒聊幾句話就結束了，如果能做到這種程度，相信大家都會很願意來開會。

祕訣 2 識系統、用圖表

每次出版「系統思考」相關書籍，我都會跑到書店為自己的書加油打氣，希望它們早點被「認養」走。有時，也會站在自己的書附近，聽聽選書的讀者在聊什麼？

有一次，我就聽到兩位讀者在討論：

A：系統思考應該跟我無關，管專案不太需要吧！

B：系統思考好像很難，不好懂！

然而專案本質就是系統，管專案其實就是管系統。所以認識系統特性與會用系統思考，對於專案經理相當重要。我想，大家不想親近的主要原因可能出在「系統」這兩個字，大家對於系統的既定印象就是很複雜，例如：資訊管理系統、大眾捷運系統、災害防救系統等。

有個故事是這樣說的：

一棟公寓的一樓大門常常開著不關。一天，門上貼了這樣一句話：「為了大家好，請隨手關門」。一個月過去了，大門還是天天開著。於是這天，門上的標語換了，換成「為免你家遭小偷，請隨手關門」。從這天起，大門不再處於夜不閉戶的狀態。

為了誘發大家學習的意願，這也是後來我把系統思考法，命名為「八爪章魚覓食術」的原因。

還有上班族常常會半開玩笑地說：「計畫趕不上變化，變化趕不上主管（老闆）的一句話。」主管或老闆成為專案管理的阻礙者，也是背了不了解「專案就是系統」的原罪。

因為專案內的時間、品質、成本、範疇，彼此之間是「串聯」的因果關係，因此在專案過程中，任何非預期的小變動，都有可能觸發如「蝴蝶效應」般的乘數影響。主管或老闆簡短的一句話，往往可能造成專案團隊成員之後陷入加班、趕工、重做的惡夢。倘若主管或老闆與專案經理都能同時調整面對專案的心態，把它視為系統來看待，管理專案的做法，自然就會跟著「蛻變」。

無論你是主管或老闆、專案經理、專案團隊成員，請隨時提醒自己，系統具有三種特性：

1. 牽一髮動全身，因整體性而會互相影響
2. 見山不是山，不能只看山的表面
3. 系統隨著時間而發生改變，產生後遺症

當主管或老闆的若具有系統思考能力，就能為窮忙上身的專案提前踩煞車。例如，百貨公司商品打折促銷專案，雖然就會吸引大量人潮來店搶購，有效提升營業額。但因為買不到折扣商品的顧客暴增，這些顧客就有可能在社群網路中留下滿滿的負評，帶來店家評等下降的後遺症。因此，主管或老闆要評估在沒有合適的配套方案下，舉辦促銷專案對公司到底是良藥，還是毒藥？

此外，主管或老闆具有系統思考能力，還能為公司的發展打造「成長飛輪」。曾有位記者在餐廳訪問亞馬遜創辦人貝佐斯，當時貝佐斯隨手拿了一張餐巾紙，畫上亞馬遜的成長循環圖，而這張圖其實就是系統思考圖。圖形的邏輯是：

當來客數越多，賣家的數量就會越多；
因此商品的選擇就越多，然後顧客的體驗就越好，
來客數也就更增加。

識系統、用圖表，不應該只是專案經理要會，其實全公司上下也都要會。別忘了，企業的本質也符合系統的定義。

呈現亞馬遜商業模式的「良性循環」

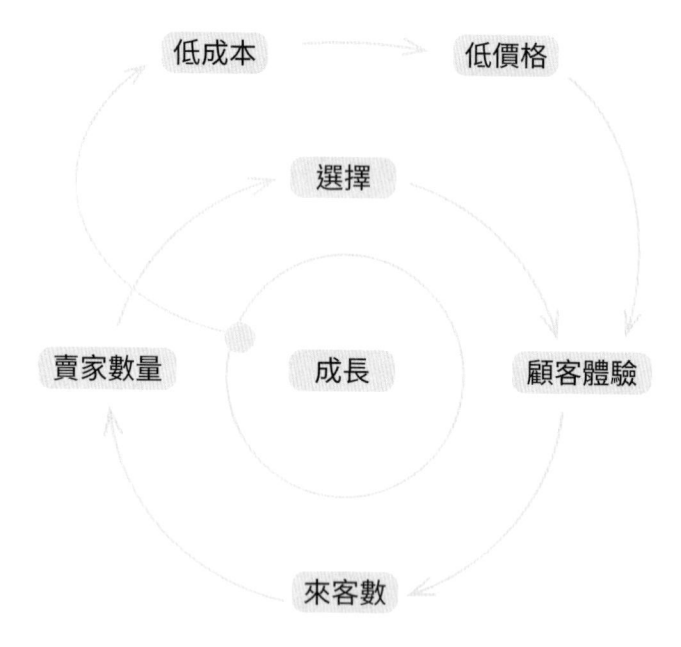

低成本 → 低價格

選擇

賣家數量　成長　顧客體驗

來客數

說明：亞馬遜就是憑藉著系統思考快速成長，像飛輪一樣越滾越大，在數位優化與數位轉型方面，更為成功。這也呼應本書第一章所提的換個「系統腦」，才能徹底擺脫專案難管、企業窮忙的困境。

祕訣 3 多領導、少指導

專案經理常見的困擾就是，要面對一群心不甘情不願被派來支援專案的同部門或跨部門同仁，該如何提高他們做專案的動力？「以人為本」的領導方式很重要。

以下三招領導對策，提供給大家參考：

第一招　協助成員「增能」

專案經理可告知團隊成員除了既定的分派工作，還能選擇自己想「額外增能」的工作，從旁見習與協助，讓成員知道參與這項專案，不僅有績效，還可以培養公司最迫切需要的能力。

例如：現在學會使用 AI 越來越重要，在大家都害怕被 AI 取代的大環境氛圍下，如果參與你的專案有機會「刻意」學習到 AI 應用技術，就會是很大的誘因。

第二招　協助成員「升級」

專案經理要主動教導團隊成員，一致性且具高效的專案管理圖表，迅速提升成員的專案管理成熟度，讓所有工作執行都能事半功倍。同時，加入你的專案團隊，可以學到系統思考法，培養自己動態複雜問題的解決能力。一旦大家都了

解做你的專案，專案管理技術會升級，而且不容易產生窮忙，這樣後續投入的意願才會更高。

第三招 幫助成員「打光」

專案經理可以讓團隊成員知道，參與這項專案，就能有機會代表公司參加對外的重要競賽，獲得榮耀與實質獎品、獎金。

為成員創造更大的目標或願景，可激勵團隊主動為專案付出更多心力。

另一方面，在專案執行過程中多領導、少指導，讓團隊在做專案工作不要只會聽指令行事，而是能多點獨立思考。在實務上，就是專案經理要「**把專案要交付的目標或成果明確下達**」，但盡可能不給工作指示，實際執行方式是由團隊成員自主思考決定。

> 多領導、少指導 3 原則：
> 1. 協助成員增能
> 2. 協助成員升級
> 3. 幫助成員打光
> >>> 專案經理逐步放手，團隊才有機會漸進式成長

這就好像養育小孩，在風險可控的條件下，適度放手讓孩子對新事物新環境進行探索與嘗試，不能保護過當，才能成長與獨立。即使團隊依賴專案經理的習慣，不會一夕之間就改變，但是如果不試著「放手」，團隊做事的方式就永遠沒機會轉變。

　　放手讓團隊成員自主完成的交付標的，可以先從「利害關係人覺得價值度低，但又必須完成」的交付標的開始，一旦發現成效不錯，就能更進一步把價值度較高的交付標的主導權放手給團隊。

　　專案經理逐步放手，團隊才有機會漸進式成長，這也是在塑造一個勇於任事的工作環境。這就像為什麼大家記得81條規則的九九乘法表，卻不記得僅有6條規則的三角函數基本公式？因為我們的生活中一天到晚都有機會使用九九乘法表。用久了，對你而言它就不是工具，而是能力了。同樣地，大家在勇於接下挑戰的環境待久了，自然而然就會改變做事態度與方法，讓專案成果超越利害關係人的期望。

祕訣 4 求信任、求認同

　　專案的目的是「解決問題」與「使命必達」，如何讓專案利害關係人信任你與認同你有能力幫他解題、助他達標，是

專案經理執行專案前的重點任務。曾經有一所學校委託我執行兩個不同目的的專案，其成功關鍵就是跟專案執行前，是否有做好信任和認同的工作有關。

第一個專案的目的，是希望讓校內行政主管運用系統思考來解決行政領導的問題。然而，系統思考對於校內行政主管而言，是一個全新的方法，所以要說服主管們改變既有問題解決的思考習慣，是件有難度的事。

因為方法容易學，但是心態不容易改。如何迅速建立主管對於新方法的「信任感」，才是專案一開始最重要的工作任務。藉由跟校長訪談知道主管們當時的行政痛點之一，就是每年申請經費補助的計畫書不會一次就過關，總是會被主管機關退回修改與要求再次報告。

有鑑於此，專案就刻意先進行了「計畫書撰寫之系統思考分析與指導」的工作，經過兩個月的分析指導所送出的計畫書，最後順利達成一次申請就過關的「不可能任務」。由於消除了組織的痛點，也獲得行政主管對於系統思考方法的「認同」，所以專案接下來的執行過程都非常順利。

第二個專案的目的，是協助校方培養能教授系統思考新課程的種子老師。同樣地，為了避免未來新課程於校內開設時，全校老師因為缺乏整體推動共識而產生阻力。所以決定

在執行種子教師培訓專案前,新增一個工作項目,就是所有老師都要參加「全校教師專業增能研習工作坊」,實際操作和體驗系統思考。由於工作坊的成功舉辦,使得系統思考得到全校老師認同,專案完成後,校內也順利開設出系統思考相關課程。

由此可知,具有創意或創新特性的專案,求信任、求認同的工作是不可或缺的。

祕訣 5 勤規劃、勤復盤

當你規劃開車上高速公路來抵達旅遊目的地,上路前卻突然聽到新聞報導說高速公路有重大車禍以致嚴重塞車,你還會堅持要上高速公路嗎?應該不會吧,此時一定趕快改成其他替代道路或其他交通運輸工具。

同樣地,「客變」與「風險」在專案執行過程中,出現頻率越來越高,甚至可能發展成「常態」,那麼你為何還堅持採用原先規劃的工作進度方式繼續進行呢?那不就像是明知前方大塞車,還是要開上高速公路一樣嗎?

專案管理也是如此,我們在實際執行前,必須完成「專案管理計畫書」,雖然計畫書裡詳盡記載專案的各項工作,以及如何在有限的時間與預算下具體進行。但隨著專案開始展

開，我們才會逐漸發現實際現況的限制、困難與干擾為何，所以要隨時根據上述發現到的資訊來調整計畫書，才能讓專案維持在正軌上。

不要忘了，專案的「專」就是「量身訂做」的意思，計畫書也要隨著內外部環境或事物的動態變化逐步精進規劃，並非堅持不變的靜態規劃。

《禮記・中庸篇》提到:「凡事豫則立，不豫則廢」，《孫子兵法・計篇》也提到:「夫未戰而廟算勝者，得算多也；未戰而廟算不勝者，得算少也。多算勝，少算不勝，而況於無算乎？」都是提醒我們要「規劃與復盤」的重要性。

「復盤」原本是圍棋術語，指的是下完一盤棋之後，重新走一遍剛剛的棋局，交流哪裡下得好、哪裡下在別處更好，它是許多職業棋士進步的關鍵。用在工作上，「復盤」是檢討過去的表現，從經驗中學習和成長。

專案結束後的經驗學習，就是復盤。具體的做法之一，就是先蒐集專案過程中所有造成無法如期、如質、如預算、如範疇的問題或「卡點」，由團隊成員一起分析專案管理計畫書該怎麼修改或調整，才能避免這些問題或事件的發生。復盤的目的，除了精進組織供參考或使用的「專案管理範本」外，更重要的是能藉此機會增強專案團隊的規劃能力。

此外,「關鍵利害關係人管理」的復盤工作也非常必要。舉例而言,當初台積電中部科學園區五期擴廠專案,環保團體認為擴廠就會大規模破壞森林,破壞的森林面積越大,則保育動植物(如:石虎)生存所受到的影響會越大。由於環保團體反對開發案並遊行抗爭,導致環境影響評估(環評)通過的難度很高。另外,當地民眾覺得擴廠會產生大量的廢氣與汙水,嚴重影響他們的健康。民眾健康疑慮也提升了環評通過的難度。

關鍵利害關係人(如上述的環保團體與當地民眾)的問題發生了之後才來處理,叫做「問題解決」;而問題尚未發生前就先採取預防行動,就是「超前佈署」。專案關鍵利害關係人管理的復盤工作,就是在規劃日後再次執行這類專案的利害關係人預防行動,超前佈署以防範未然。我們在第五章分享的系統思考法—八爪章魚覓食術,也很適合作為利害關係人管理的復盤工具。

因應環保團體和當地居民反對,台積電馬上提出配套措施,包括優先移植與補植約 5400 棵成樹,且將 1 萬 500 棵樹苗提供予學校與社區認養。同時強調新建廠房會有高效能設備,進行水回收與水中污染物處理,並針對廠房廢氣進行分類與多段式處理,將其對環境的影響降至最低。

上述的配套措施,事後可以再研討有沒有更具「效能」與「效率」的其它處理方式。尤其是對建新廠或擴廠,這類會持續性推動並強烈影響企業發展的專案上,「復盤」徹底落實更是重要。

掃描右方 QR Code,解鎖更多實戰練習圖表

> 兩種重要的復盤工作:
> 1. 復盤卡點:專案過程中所有造成無法如期、如質、如預算、如範疇的問題或事件,精進「專案管理範本」
> 2. 復盤關鍵利害關係人:規劃「未發生問題」的預防行動,超前佈署防範未然,可利用系統思考法(八爪章魚覓食術)工具。

國家圖書館出版品預行編目 (CIP) 資料

一頁紙做兩倍事，高效專案工作法 / 楊朝仲著. -- 臺北市：天下雜誌股份有限公司，2025.08
　面；　公分
ISBN 978-626-7713-29-7(平裝)

1.CST: 專案管理 2.CST: 工作效率 3.CST: 職場成功法

494　　　　　　　　　　　114009540

天下財經 585

一頁紙做兩倍事，高效專案工作法

作　　者／楊朝仲
封面設計／FE 設計
內頁排版／FE 設計
責任編輯／方沛晶、張齊方

天下雜誌創辦人暨董事長／殷允芃
出版部總編輯／吳韻儀
出　版　者／天下雜誌股份有限公司
地　　址／台北市 104 南京東路二段 139 號 11 樓
讀者服務／（02）2662-0332　傳真／（02）2662-6048
天下雜誌 GROUP 網址／http://www.cw.com.tw
劃撥帳號／01895001 天下雜誌股份有限公司
法律顧問／台英國際商務法律事務所・羅明通律師
印刷製版／中原造像股份有限公司
總　經　銷／大和圖書有限公司　電話（02）8990-2588
出版日期／2025 年 8 月 5 日
定　　價／420 元
All rights reserved.

書號：BCCF0585P
ISBN：978-626-7713-29-7

直營門市書香花園　地址／台北市中山區建國北路二段 6 巷 11 號
電話／（02）2506-1635
天下網路書店　http://shop.cwbook.com.tw

本書如有缺頁、破損、裝訂錯誤，請寄回本公司調換

天下 雜誌出版
CommonWealth
Mag. Publishing